中国地质调查局整装勘查项目（12120114034501）
国家 973 计划项目（2014CB440904）
江西省"地质学"重点学科   联合资助
江西省"地质资源与地质工程"优秀一流学科

大湖塘钨矿田碱-酸交代特征及其形成机制

张 勇 刘南庆 潘家永 项新葵

江青霞 江超强 江媛媛 丁伟开   著

科学出版社

北 京

内 容 简 介

本书是一部有关超大型钨矿——大湖塘钨矿热液蚀变机制和钨矿成因方面的专著，系统地介绍了大湖塘钨矿典型矿床（石门寺、大雾塘、狮尾洞和昆山）蚀变空间分带特征；论证了热液交代蚀变岩的形成的物理化学条件及其与钨成矿的关系，特别是酸-碱交代作用对大湖塘钨成矿作用的控制，包括不同蚀变阶段元素的迁移和沉淀机制；探讨了成矿物质及矿化剂的来源；建立了大湖塘钨矿流体蚀变演化模型，对大湖塘钨矿巨量元素堆积的原因有了深入的认识，并归纳总结其成矿作用特征标志。

本书具有先进的成矿理论，兼有科学的矿产预测方法，内容丰富，资料系统，观点独到，是从事矿产资源勘查的生产、科研和教学人员的重要参考资料。

图书在版编目（CIP）数据

大湖塘钨矿田碱-酸交代特征及其形成机制／张勇等著 . —北京：科学出版社，2018.4

ISBN 978-7-03-057141-0

Ⅰ.①大… Ⅱ.①张… Ⅲ.①钨矿床–成矿特征–江西②钨矿床–形成机制–江西 Ⅳ.①P618.670.625.6

中国版本图书馆 CIP 数据核字（2018）第 070543 号

责任编辑：张井飞　陈姣姣／责任校对：张小霞
责任印制：肖　兴／封面设计：耕者设计工作室

科学出版社 出版

北京东黄城根北街 16 号
邮政编码：100717
http://www.sciencep.com

艺堂印刷（天津）有限公司 印刷
科学出版社发行　各地新华书店经销

*

2018 年 4 月第 一 版　开本：720×1000　1/16
2018 年 4 月第一次印刷　印张：7 3/4
字数：152 000
定价：98.00 元
（如有印装质量问题，我社负责调换）

前　言

　　热液成矿作用从产生到结束总是伴随着交代蚀变作用，交代蚀变的结果是形成交代蚀变岩和矿体，广泛存在于热液矿床的周边和深部，有的热液矿体本身就是交代蚀变地质体。由此，交代蚀变岩，能够记录热液成矿过程的水岩反应等相关地质作用过程的物理化学性质（T、C、f_{O_2} 和 pH 等）。与花岗岩有关的钨锡多金属矿床，普遍存在碱交代岩（钾交代岩、钠交代岩或两者皆有）。而大湖塘钨矿田作为近年来发现的一个世界级大型-超大型钨多金属热液矿床集聚区，前人在成岩成矿时代研究方面取得了突出的研究成果。大湖塘钨矿田普遍存在大规模、多类型的蚀变岩，尤其在蚀变分带特征、成矿物质来源、蚀变矿化分带机制、碱-酸交代作用过程和矿床成因模式方面的研究基本为空白。因此大湖塘钨矿田是研究交代蚀变矿物间交代蚀变过程的天然实验室，尤其是碱-酸交代作用过程与成矿元素巨量堆积机制。

　　随着新理论与新思想不断引入地学，成矿作用精细过程已成为地学研究的一个新方向。对此，作者选择我国著名的大湖塘钨矿田，在综合研究其裂隙-脉系统特征、蚀变分带特征和成岩成矿时空关系的基础上，以矿床学、岩石学、矿物学和地球化学的方法，借助全岩和单矿物的主微量元素分析、稳定同位素分析、矿物地质温度计等多种手段，对碱-酸交代作用开展系统研究，研究热液交代作用与钨矿成矿过程的关系，厘定热液交代过程中热液流体的物质来源和组成变化等物理化学参数，探讨热液交代作用对大湖塘钨矿成矿物质来源的贡献等问题。建立大湖塘钨矿田热液交代作用地球化学模型，丰富钨成矿热液作用过程。这是一个基础地质精细作用过程的探索。

　　各章撰写分工是：第 1 章，潘家永、张勇；第 2 章，刘南庆、项新葵、张勇；第 3 章，张勇；第 4 章，张勇、江青霞、丁伟开；第 5 章，张勇、江超强、江媛媛；第 6 章，张勇、潘家永。全书由张勇、潘家永统一修改定稿。

　　本书主要为作者的中国地质调查局整装勘查项目（12120114034501）的研究成果。在整个研究过程中得到了马东升和陆建军教授的指导，高建峰研究员的帮助。成都理工大学李余生教授，中国科学院地球化学研究所沈能平研究员等以不同方式审阅过全文或部分章节，并提出了宝贵的修改意见。本书撰写过程中引用了许多国内外同行的有关研究成果。在此表示诚挚的谢意！

由于各方面的原因，书中的认识和解释难免有不妥之处，敬请读者批评、指正。

作 者
2017 年 6 月 16 日

目　　录

第1章　绪论 ……………………………………………………………… 1

  1.1　大湖塘钨矿田 ……………………………………………………… 1

  1.2　蚀变地球化学 ……………………………………………………… 3

第2章　矿田地质特征 …………………………………………………… 6

  2.1　地层 ………………………………………………………………… 6

  2.2　地质构造演化 ……………………………………………………… 7

  2.3　岩浆岩 ……………………………………………………………… 9

  2.4　水系沉积物地球化学特征 ………………………………………… 20

  2.5　矿产特征 …………………………………………………………… 26

第3章　蚀变岩相学特征 ………………………………………………… 28

  3.1　蚀变作用及期次 …………………………………………………… 28

  3.2　典型矿区蚀变空间分带特征 ……………………………………… 32

第4章　蚀变作用元素迁移地球化学特征 ……………………………… 53

  4.1　元素迁移量计算原理和方法 ……………………………………… 53

  4.2　碱交代过程元素迁移特征 ………………………………………… 59

  4.3　弱碱-弱酸交代作用（绢云母化/绢英岩化）元素迁移特征 …… 61

  4.4　酸交代作用（云英岩化/硅化）元素迁移特征 ………………… 63

第5章　蚀变流体地球化学特征 ………………………………………… 68

  5.1　蚀变流体包裹体特征 ……………………………………………… 68

  5.2　热液黑云母地球化学特征 ………………………………………… 69

  5.3　稳定同位素特征 …………………………………………………… 77

第6章　蚀变流体地球化学模型 ………………………………………… 91

  6.1　成岩与成矿作用的时空关系 ……………………………………… 91

  6.2　蚀变流体作用机制 ………………………………………………… 96

  6.3　大湖塘钨成矿流体作用模型 ……………………………………… 98

  6.4　找矿标志 …………………………………………………………… 104

参考文献 ………………………………………………………………… 105

第1章 绪 论

1.1 大湖塘钨矿田

大湖塘钨矿田是近年发现的一个世界级大型-超大型钨多金属热液矿床集聚区，地处江西省九江市武宁县，大地构造位置为扬子板块东南缘江南地块中段，属钦杭结合带的北侧（杨明桂和梅勇文，1997；朱裕生等，1999；毛景文等，2011）。截止到2016年其总探明WO_3储量已达1.25Mt，并具有较大的找矿潜力。矿田内矿区类型众多，主要有细脉浸染型、蚀变花岗岩型、石英大脉型、云英岩型、石英细脉带型、隐爆角砾岩型等（项新葵等，2013c）。矿田由北到南最主要有四大矿区，分别为石门寺、大雾塘、狮尾洞和昆山（图1.1）。

前人在大湖塘钨矿田成岩成矿年代学方面取得了丰硕的成果，矿田燕山期侵入岩的形成年代具有多期次多阶段性，主要有三期，早期为斑状花岗岩，成岩年龄为147~150Ma（Mao et al.，2015）；中期为中细粒花岗岩，成岩年龄为144~146Ma（Mao et al.，2015）；晚期为花岗斑岩（斑岩脉），成岩年龄为130~135Ma（蒋少涌等，2015）。矿田存在明显的两个成矿时代集中期，与斑状花岗岩和中细粒花岗岩相对应，其中早期的为149Ma左右（项新葵等，2013a；张明玉等，2016），成矿作用规模较小且范围较少，而晚期的持续时间相对较长，为138~143Ma（Mao et al.，2013；丰成友等，2012；蒋少涌等，2015；张勇等，2017），且规模和强度都较大。矿田范围内围岩主要有新元古界双桥山群浅变质岩和晋宁期九岭岩基的黑云母花岗闪长岩，前者主要在矿田南部出露，后者出露范围最大，约占面积的75%。矿田内狮尾洞矿区的黑云母花岗闪长岩锆石U-Pb年龄为834Ma（张雷雷，2013），与Li等（2003）和钟玉芳等（2005）所测得的九岭岩基锆石SHRIMP U-Pb年龄在825Ma左右相近。

大湖塘钨矿田是一个产在燕山期（似）斑状花岗岩岩株顶部的内外接触带的岩浆气化热液型钨矿（以细脉浸染型、蚀变花岗岩型和云英岩型为主，次为石英大脉型），不同矿区钨储量在内外带中所占比例不同，但总体外带储量大于内带。外带晋宁期黑云母花岗闪长岩广泛发育黑云母化等碱性蚀变，具有越靠近矿体蚀变越强的趋势。矿化中心（矿体）集中在叠加了强酸性蚀变的碱交代蚀变带中心（张勇等，2016c；江青霞，2016；江超强，2016；丁伟开，2016；张勇等，2017）。

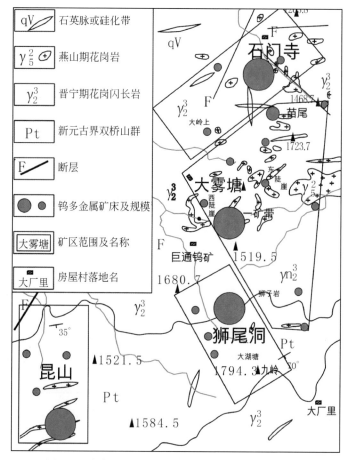

图 1.1　大湖塘钨矿田地质简图（据占岗乐，2015）

矿化中心（强酸性蚀变中心）基本上是叠加在早期强碱交代蚀变中心，酸性蚀变完全破坏早期的碱性蚀变，只有局部早期碱性蚀变残余。矿体边部或外围的酸性蚀变特别是云英岩化较弱，以弱绢英岩化或硅化为主，则大部分地区完整保留了早期碱性蚀变（黑云母化）。黑云母化强烈地段形成了黑云母-石英岩。已有的研究认为矿化和云英岩化关系密切，成矿富集中心的云英岩化最强烈。

本专著通过对研究区钻孔编录和系统的（300 余片光薄片）岩矿鉴定工作，厘定了大湖塘钨矿田的主要蚀变类型和蚀变期次，限定了流体演化过程。其中碱-酸交代为特征的热液蚀变现象在大湖塘钨矿田是一个普遍存在的地质现象，且与成矿关系密切，因此大湖塘钨矿田是一个研究热液交代作用与钨成矿关系的绝佳场所。热液交代作用的地球化学过程研究，可以为更好地理解大湖塘钨成矿作用过程奠定基础，并可帮助认识成矿元素和矿化剂等在热液交代蚀变过程中的分配富集机制及其对钨迁移和沉淀的制约。

1.2 蚀变地球化学

交代蚀变岩广泛存在于热液矿区的深部或周边，大多数矿区本身就是成矿元素富集达到工业品位的交代蚀变岩。交代蚀变岩记录了热液交代作用的过程，热液交代作用过程则直接反映了热液成矿过程。因为热液成矿作用从产生到结束总是伴随着交代蚀变作用，热液矿区形成是产生在某个特定空间或某些特定阶段的成矿物质的集中（Ashley and Karimzadeh Somarin，2004；Pirajno，2009；Komori et al.，2013；Gupta，2013）。胡受奚等（2004）研究认为成矿热液流体在运移过程中，与围岩的交代蚀变作用留下的轨迹，是建立成矿模式的最直接和最可靠的依据。因此研究交代蚀变岩在时间上和空间上的分布特征及其交代蚀变地球化学过程，则是认识和理解热液成矿过程最直接的方法。交代蚀变岩的研究，特别是碱交代岩的成因研究，对于认识热液成矿过程的成矿物质来源、搬运形式和沉淀条件等都有重要意义（杜乐天，1996；杜乐天和王文广，2009a，2009b；Pirajno，2013；余达淦等，2013）。

碱交代岩是热液矿区普遍发育的交代蚀变岩中非常普遍的一类特征岩体，已被众多地质学家发现，并证实其对热液矿区的形成具有极其重要的意义（Ekwere，1985；Drummond et al.，1986；Wang et al.，1986；Sakoma and Martin，2004；胡受奚等，2004；Fiannacca et al.，2005；Zhao，2005；余达淦等，2013）。导致碱交代岩形成的地质作用，通常称为碱交代作用，主要为钾交代作用和钠交代作用。胡受奚等（1963）较早地研究了钾交代作用与钼矿床的成因关系。杜乐天（1983，1986，1992，1996）对碱交代作用成矿地球化学原理进行了系统的研究，提出了完善的碱交代作用的地球化学定义及其地球化学特点和判别标志等，并指出热液成矿作用多数是从碱交代开始而不是从酸交代开始，碱-酸交代在成矿系统中的时空转换，是控制矿-碱分离的关键。其中碱交代作用是成矿物质迁移分配富集的关键，而酸交代作用则是成矿元素进一步富集并大量沉淀析出的关键。

南京大学地质学系（1981）研究发现热液钾长石、石英、钠长石对成矿元素（如 W、Mo、U、Pb、Zn、Au、Ag 和 Cu 等）来说都属于"清洁矿物"，其中含量仅为原岩同类矿物的几分之一到数十分之一。同样研究发现 Mo、Cu 元素在热液成因的钾交代岩（钾长石化带）相对未蚀变岩亏损的现象（杜乐天，1996）。如此恰好反映了碱交代，对成矿元素强烈的活化迁移作用，碱性流体萃取了围岩中的成矿元素，使得成矿元素在热液流体中富集，是热液成矿重要的物质基础（Oliver et al.，2004；Putnis et al.，2007；Putnis and Austrheim，2010）。碱交代岩的形成研究，对热液演化及其成矿元素的萃取-迁移-沉淀物理化学条件及其富集机制研究具有直接的重要意义（杜乐天，2002；胡受奚等，2004；余达淦等，2013）。据已有的研究发现花岗岩中的黑云母是 Sn、W 和 Mo 等成矿元素含量最高的载体，特别是产锡钨花岗岩的研究发现，云母在蚀变过程中释放出的成矿元素对成矿具有巨大的贡献（Barsukov，1957；Shcherba，1970；Taylor，1979；Franco，1982；Lentz，1992；Neves，1997；Yang and Rivers，2000；陈佑纬等，2010；Azadbakht et al.，2014）。应用黑云母和白云母地质温度计，可以很好地估计碱交代成因的黑云母的形成温度等信息，从而更加完善地认识流体演化过程（Kleemann and Reinhardt，1994；Henry，2005；Razavi et al.，2008；Eri et al.，2009；Kohn，2012；Holdaway et al.，2015；Wu and Chen，2015）。同时原生和次生黑云母电子探针分析，还能通过其卤族元素的含量变化等，指示成矿流体的搬运能力，及其流体物理化学信息（Einali et al.，2014；Pirajno，2009；Sengupta and Kale，2006）。

　　大湖塘钨矿田的围岩之一，是晋宁期的黑云母花岗闪长岩，其中的黑云母可能在碱交代作用过程中释放出一定量的成矿元素。碱交代作用过程中地球化学特征的研究，对于认识热液矿区演化的初始阶段的流体特征，起到了至关重要的作用。

　　大量的研究发现酸交代是与锡钨成矿有关的主要蚀变类型，具体表现有云英岩化、钠长石化和硅化等，前两者是锡钨的主要矿化阶段，其中云英岩化更是与锡钨矿化密切相关（于阿朋等，2010；李大新等，2013；董业才，2014；熊欣等，2015；祝新友等，2015）。热液交代过程中，流体与围岩发生了液-固（水-岩）反应，流体和围岩中的同位素进行了重新分配，因此测定不同地质空间位置碱交代岩的稳定同位素值，结合矿石矿物和区域地层等的稳定同位素组成，可以很好地指示热交代作用的流体来源和迁移演化过程的信息。例如，氢氧等稳定同位素在成矿流体来源及蚀变机制的应用已经非常成熟，国内外学者将其应用在成矿流体演化过程的研究上，并建立了非常完善的热液成矿过程中同位素分馏理论体系（Sun and Eadington，1987；Steinitz et al.，2009；郭春影等，2011；Bonsall et al.，2011；Palinkaš et al.，2013；杨利亚等，2013；杨秀清等，2014）。

　　热液代蚀变本身是一个复杂的地球化学过程。已有的研究方法，如显微岩相学、实验地球化学和主微量元素特征法等，更多的是认识或者判定这一过程，且直接使用测得的蚀变岩中元素含量值与未蚀变岩的含量值作对比。但由于蚀变岩的物理性质已发生改变（如比重和体积等），单纯的测试值作对比不能准确反映各元素的增减迁移特征。因此，在增加不同蚀变岩密度等参数测试的基础上，对于元素在交代过程中的绝对迁移量的计算研究就显得尤为重要。因为原岩在蚀变过程中，随着矿物结构、岩石物理性质等诸多参数发生了改变，交代蚀变的元素有的迁移了，有的未迁移（如稳定或非迁移元素）。只有绝对迁移量的获得，才能够更加准确地反映交代作用流体与围岩的反应特征，从而更加准确地限定交代蚀变过程的物理化学条件（Gresens，1967；Grant，1986；Baumgartner and Olsen，1995；López-Moro，2012；Durand et al.，2015；Parsapoor et al.，2015；Phillips and Powell，2015）。

　　基于以上研究认识，我们选择大湖塘钨矿田内典型钨矿区为主要研究对象，以矿床地质学、岩石学、矿物学和地球化学的方法，对大湖塘钨矿田的典型交代作用开展系统研究。在翔实的野外观察和室内大量显微岩相学研究的基础上，借助全岩和单矿物的主微量元素分析、稳定同位素分析、矿物形成温度估算等多种手段，结合已有的流体包裹体地球化学研究成果，研究热液交代作用与钨矿成矿过程的关系，厘定热液交代过程中热液流体的物质来源和组成变化等物理化学参数，探讨热液交代作用对大湖塘钨矿田成矿物质来源的贡献等问题。建立大湖塘钨矿田热液交代作用地球化学模型，丰富钨成矿热液作用过程，对进一步指导钨矿的找矿勘探工作具有十分重要的理论和现实意义。

第2章 矿田地质特征

2.1 地 层

研究区出露地层单一，为双桥山群浅变质岩，早期文献资料将其定为中元古界地层，但最新研究资料，即大量的凝灰岩以及碎屑锆石 U-Pb 精确年代学的研究，显示其成岩时代约为 825Ma（高志林等，2012；周效华等，2012；Wang et al.，2008），基本可以将其重新厘定为新元古界地层，主要分布在矿田南部。双桥山群浅变质岩为一套断陷环境形成的深海火山–碎屑岩沉积建造，成分以板岩夹变质杂砂岩、变余云母细砂岩、千枚岩为主，呈厚层状，其总体走向 NEE、倾向 SSE，倾角为 60°～80°，局部夹少量火山岩（丰成友等，2012；阮昆等，2013；项新葵等，2013c；彭花明等，2014；左全狮和程雯娟，2015）。

自从 1930 年王竹泉创立"上樵山层"（因同音之误，也即双桥山群）以来，人们就开始对区域双桥山群地质方面进行了大量的研究，比如：①在 20 世纪 80 年代初，江西省区域地质调查队对其进行 1∶20 万区域地质调查，根据实地资料将双桥山群分为上亚群及下亚群，再将各亚群分为两个岩组（江西省地质矿产局，1984，蒋先强，2013）。②1991 年起，中国地质大学（武汉）以沉积学为主，结合构造学，对赣北双桥山群浅变质岩开展了长达 12 年的研究，从而在变质岩沉积学、地层序列等方面获得了一系列重大进展（蔡雄飞和顾延生，2002）。③依据岩性和颜色组合特征，自下而上建立了障公山组、横涌组、计林组、安乐林组、修水组。经过上述研究单位几十年的辛苦工作，依据岩性（细→粗）和颜色（黑→红→黑）组合特征，自下而上对双桥山群进行了组的划分，可细分为 4 个组，分别为横涌组、计林组、安乐林组和修水组（刘邦秀和左祖发，1998；章泽军等，1998；蔡雄飞等，2003；吴新华等，2005；蒋先强，2013）。

横涌组（Pth）是一套浅海相泥砂质复理石沉积，其厚度大于 326m，区内分布较广，新鲜的岩石为灰黑色，向外弱风化作用颜色变为黄绿色，而当岩石遭受强烈的风化作用颜色则变为紫红色甚至灰白色，而这些颜色经常残留着原岩的灰黑色，其中灰黑色的碳质板岩是本组划分和对比的标志层。横涌组发育层理主要有变形层理、条带状层理及沙纹层理，直线状流水波痕在其层面上大量发育。根据层理发育的特征，又可以将条带状韵律分为宽条带与毫米级韵律这两类，它们的条带宽度分别为 2～12cm、数毫米；毫米级韵律纹层细密而平直，可根据其颜色或岩性差异进行判别，而变形层理往往发育在宽条带韵律内。

计林组（Ptj）为一套浊积岩层，其厚约 745m，颜色呈紫红色，岩性为泥质板岩、粉砂质板岩，与横涌组、安乐林组岩层呈连续过渡的整合接触关系。计林组砂岩及板岩内部以发育大量的沙纹层理、水平纹层为特征，沙纹层理单层厚度为 1~10cm，在层面上可见大量的线型弯曲状流水波痕，波痕形态各异，比较多样，如弯曲形、分叉形、菱形等，并在部分层段还见到水流波痕的多层叠复，所以沙纹层理中出现特有的流水波痕和水平纹层成了计林组的主要标志，这种流水波痕是深水沉积的标志。计林组不同层位的流水波痕内部组分富含大量 Fe^{2+}。由于计林组岩层与横涌组、安乐林组整合接触处的岩层均为紫红色，在野外难以用颜色进行组的划分，此时线型弯曲状流水波痕可以进行有效划分。根据颜色和岩性组合特征可将计林组分为三段：第一段厚约 186m，颜色呈紫红色，主要为薄层粉砂质板岩与紫红色板岩互层，夹变细-粉砂岩，内部以发育窄条带层理为主要特征，沉积作用以重力流和牵引流为特色，层面上可见丰富的弯曲状波痕；第二段厚约 209m，颜色呈灰色至灰绿色，岩性为粉砂质板岩、变细-粉砂岩，中厚层，内部以发育递变层理、沙纹层理为特征；第三段厚约 349m，颜色呈紫红色，岩性主要为薄层状粉砂质板岩与薄-中厚层的变细-粉砂岩的岩性组合，夹有翠绿色板岩和紫红色与灰绿色交互出现为特征，普遍发育沙纹层理、水平层理，流水波痕在其层理面上形状有弯曲状、分叉状和菱形状等。

安乐林组（Pta）整合于计林组红色岩层之上、修水组底砾岩之下的一套泥砂质复理石沉积，厚约 756m，岩性主要为灰绿色粉砂质板岩、含砾杂砂岩、中-厚层变细砂岩、粉砂岩夹杂砂岩等。沉积构造比较多样且较为丰富，如碎屑团块、变形层理、沙纹层理、条带状构造、火焰状构造、变形构造、波痕等。

修水组（Ptx）为一套泥砂质复理石建造，厚约 902m，颜色主要呈灰绿色-灰黑色，岩性为变杂砾岩、变余杂砂岩及粉砂质板岩等，砾石的主要成分为石英岩、燧石岩及泥质砂岩等，沉积构造以发育平行层理、波状层理、波痕为主。刘邦秀和左祖发（1998）认为修水组底部砾岩属于挤压造山作用中晚期的沉积产物。

2.2　地质构造演化

研究区自新元古代开始，长期处于扬子、华夏两个古板块及其间结合带的控制下，经历了多次构造-岩浆-变质-成矿事件：晋宁运动（晋宁一幕 850Ma）使新元古代青白口纪活动陆缘型弧盆沉积岩系（双桥山群）褶皱回返，伴随同造山黑云母花岗闪长岩岩基侵位上升为陆，出现"江南地垒式古隆起带"（杨明桂等，2004），经过数千万年的强烈风化剥蚀，致使晋宁期花岗闪长岩岩基出露地表；进入南华纪（成冰期），在此"江南古陆"的两侧出现阶梯式断陷，并于浅变质岩系及花岗闪长岩基之上，不整合沉积了南华系莲沱组含火山物质的粗-细粒碎屑岩（这套地层在赣北乃至皖赣相邻地区被认为重要的铜多金属矿源层）（贺菊瑞等，2007，2008），此后地壳曾有 2~3 次不均衡抬升，至早南华世末（晋宁二幕 800~780Ma）又一次强烈上升，活动陆缘进一步固化，并于晚南华世开始了巨厚的盖层沉积，第一个盖层是南沱组含凝灰质冰碛岩，受雪球事件影响平行不整合在莲沱组之上；之后震旦纪—早古生代连续整合沉积了近 5000m 厚的海相碳酸盐岩、碎屑岩建造，加里东运动地壳隆升，江南地块大规模向南逆冲推覆，完成扬子、华夏古板块的拼合；进入晚古生代—早中生代陆壳微扩张沉陷，区域平行不整合覆盖了 500 余米的海陆交替相碎屑岩、碳酸盐岩组合，印支运动发生纵弯褶皱，出现宽缓的背向斜，完成由海到陆的转变（刘南庆等，2011）。

　　进入燕山期，由于板块机制的纵深扩展、古太平洋与相邻板块相互作用，板内收缩、俯冲带穿过下地壳岩浆房与地幔沟通，诱发壳幔岩浆混熔，形成了高分异的花岗质岩浆，致使本区发生强烈的大陆造山运动，出现 NE—NEE 向为主导的走滑冲断-伸展构造，其与古构造叠加复合，形成现有的基本构造格架（图 2.1）。

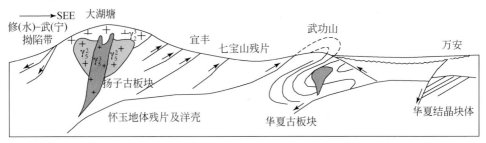

图 2.1　江西大湖塘区域燕山期构造-岩浆演化示意图（据刘南庆等，2016a）
γ_2^3-晋宁晚期花岗闪长岩；γ_5^2-燕山早期斑状花岗岩；γ_5^3-燕山晚期细粒花岗（斑）岩

　　这种构造体制转换与中国东南部中生代时期，由古特提斯构造域向太平洋构造域转换相吻合（任纪舜等，1997；余心起等，2005，2006；葛肖虹等，2014）。

　　燕山早期（晚侏罗世），大湖塘区域构造应力场以相对缓慢的板块水平运动为主，形成了一系列走向 NEE—NE 向、倾向与俯冲带基本一致、倾角较陡的走滑逆冲断层，并使晋宁期韧性剪切带、紧密线型褶皱活化，叠加韧脆性-脆性构造变形；燕山早期末（~150Ma），构造应力场发生逆时针偏转，出现 NNE 向走滑逆冲断层，并与前期构造形迹复合诱发深部岩浆活动，浅部产生相对低压环境下的伸展构造，九岭南缘出现晋宁期蛇绿岩片及其一系列叠加在推覆构造上的反向滑覆构造，九岭北缘主要表现为向 NW—NNW 中高角倾伏的滑覆构造（修水-武宁滑覆拗褶带），区域多处（庐山、九宫山、彭山等）发生垂向运动，推覆构造系统发展进入高潮（刘南庆，1995；刘南庆和黄剑凤，1994a，1994b，1996）。

　　大湖塘钨矿田经历了多次构造活动，其中晋宁运动和燕山运动最为醒目，表现为强烈褶皱、断裂和大型推（滑）覆构造，燕山期构造活动对成矿关系最为密切。

（1）褶皱：新元古代浅变质岩基底为一轴向近 EW 巨型复式倒转背斜，由于后期构造叠加改造，呈"S"形辗转弯曲，西段紧密线型褶皱明显，主要为九宫山背斜、大湖塘复背斜、铜鼓-奉新复背斜等。大湖塘复背斜是区内重要的控岩控矿构造。盖层褶皱主体为轴向 NEE 弯转延伸复向斜，其间有一系列 NE—NEE 向短轴叠加褶皱或鼻状褶皱，牵引褶皱明显。

（2）断裂：区内断裂构造极为发育，相互交织成网，规模较大的断裂主要有近 EW（NEE）向和 NE—NNE 向两组。修水-武宁、慈化-宜丰 NEE 向断裂带，规模大切割深，分别为九岭隆起带的北、南边界断裂；一系列 NE—NNE 向走滑冲断裂带十分发育，穿过区内规模较大的主要有靖安-村前、大湖塘-宜丰、铜鼓-余家坪、湘赣边界 4 条走滑冲断带，相互平行大致呈 35～40km 等间距展布。NE—NNE 向走滑冲断裂带控制了岩体和矿区的分布，是区内主要的控岩控矿构造。

（3）大型推（滑）覆构造：九岭隆起北侧为修水-武宁大型滑覆带，由一系列近 EW 向往南突出的弧形滑覆断裂构成。九岭南缘大型推（滑）覆构造为长期活动的板缘活动带产物，形成一系列 NEE 向往南突出的弧形逆冲推覆断裂、滑覆断裂带和密集的韧性剪切变形带，并出现较多的构造窗和飞来峰；带内岩石动热变质程度较高，为强大的动热变质带；至少在晚侏罗世、晚白垩世曾经历过两次以上的强烈活动，自北往南推覆距离达 30～50km。

在这种构造格局下，大湖塘地区依旧保持"江南古陆"的特点，维持着整体相对独立和稳定，内部则显现出既封闭又开放（深部有岩体侵入）的构造环境，组成特定时空的构造-岩浆热液相互作用的统一整体，形成韧-脆性剪切推覆构造系统。

燕山晚期（早白垩世），系统内部自组织调整，局部剖面变形又趋向区域平面变形，成矿岩体及其流体顺势贯入（局部形成爆破角砾岩），并沿成矿构造与成矿结构面充填、交代形成工业矿区（体），完成该区燕山期构造-岩浆热液成矿系统的建造。

2.3　岩　浆　岩

2.3.1　大湖塘钨矿田晋宁期侵入岩特征

研究区岩浆活动频繁，具多期次、多层次就位的特点，以中酸性、酸性花岗岩类为主，少数为基性、超基性岩类。青白口纪早期发生大规模"双峰式"火山活动，晋宁期大规模中酸性岩浆侵入于新元古代浅变质岩系中，形成了面积巨大的九岭复式富斜长石花岗闪长岩岩基，出露面积达 2300km^2，呈近 EW 向展布（图2.2）；以高钙（质量分数为 1.23% ~ 4.74%，平均为 2.24%）、中高铝（质量分数为 13.89% ~ 15.83%，平均为 15.20%）含量为特点（表2.1）。

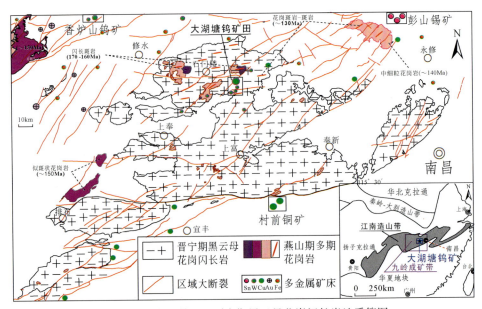

图2.2　大湖塘钨矿田晋宁期黑云母花岗闪长岩地质简图
（据 Li et al.，2003；钟玉芳等，2005；Wang et al.，2008 改）

表2.1　大湖塘钨矿田未蚀变（或微弱蚀变）的晋宁期黑云母花岗闪长岩主微量元素含量

矿区	石门寺				昆山		平均值
取样位置/来源	*	陈文文，2015			ZK11-1（312.5）	ZK11-1（369.5）	
样品编号	14SMS01	BSG-1	JAG-1	QSG-1	15KSZ16	14KSZ-47	
SiO_2	66.61	67.69	68.11	65.85	67.61	66.14	67.00
TiO_2	0.64	0.53	0.49	0.65	0.34	0.29	0.49
Al_2O_3	15.66	14.76	15.73	15.83	15.34	13.89	15.20
Fe_2O_3	0.61	0.45	0.66	0.67	0.79	0.42	0.60
FeO	4.82	3.60	3.60	4.40	4.05	2.18	3.78
MnO	0.09	0.06	0.09	0.09	0.07	0.09	0.08
MgO	1.85	1.34	1.32	1.69	0.73	0.65	1.26
CaO	2.01	1.77	1.63	2.05	1.23	4.74	2.24
Na_2O	2.60	2.39	2.43	2.58	2.98	2.28	2.54

续表

矿区	石门寺				昆山		平均值
取样位置/来源	*	陈文文，2015			ZK11-1（312.5）	ZK11-1（369.5）	
样品编号	14SMS01	BSG-1	JAG-1	QSG-1	15KSZ16	14KSZ-47	
K_2O	3.43	3.80	4.54	3.57	4.66	4.93	4.16
P_2O_5	0.14	0.15	0.15	0.15	0.14	0.12	0.14
LOI	1.44	3.34	1.13	2.34	1.90	4.28	2.41
总量	99.90	100.14	102.34	101.93	99.83	100.01	100.69
K_2O+Na_2O	6.03	6.19	6.97	6.15	7.64	7.21	6.70
TFe	5.43	4.05	4.26	5.07	4.84	2.60	4.38
FeO	4.82	3.60	3.60	4.40	4.05	2.18	3.78
Rb	159.0	166.00	252.00	168.00	456.00	455.00	276.00
Ba	414.0	398.00	340.00	424.00	346.00	367.00	381.50
Th	14.30	13.70	11.10	12.40	19.90	17.10	14.75
U	1.35	2.22	2.35	1.66	12.00	10.20	4.96
Ta	1.14	0.93	1.12	1.10	2.60	1.80	1.45
Nb	11.70	8.61	8.55	10.50	14.40	12.30	11.01
Sr	110.00	100.00	71.60	116.00	128.00	200.00	120.93
Zr	27.40	62.50	36.80	47.70	99.70	87.50	60.27
Hf	0.88	1.48	1.37	1.55	3.65	2.85	1.96
Ga	19.10	18.90	20.00	20.20	24.40	21.70	20.72
Ni	24.80	18.20	20.10	28.40	7.08	4.11	17.12
V	85.30	71.00	73.10	98.90	31.60	28.90	64.80
Cr	58.20	111.00	88.40	147.00	5.60	8.48	69.78
Co	14.10	11.10	13.80	14.40	6.14	4.47	10.67
Sc	13.50	9.37	10.40	14.90	5.87	4.86	9.82
Cu	48.40	27.40	21.00	30.20	92.30	26.30	40.93
Pb	27.90	28.50	37.80	31.60	41.20	43.30	35.05
Zn	98.00	67.90	77.00	94.20	77.70	72.00	81.13
Mo	3.54	0.98	0.59	2.08	19.50	31.20	9.65
W	1.83	5.90	5.76	6.38	12.40	6.02	6.38
Li	66.90				140.00	96.60	101.17

续表

矿区	石门寺				昆山		平均值
取样位置/来源	＊	陈文文，2015			ZK11-1（312.5）	ZK11-1（369.5）	
样品编号	14SMS01	BSG-1	JAG-1	QSG-1	15KSZ16	14KSZ-47	
Be	2.32				6.79	4.25	4.45
Cd	0.13				0.10	0.12	0.12
In	0.10				0.09	0.09	0.09
Sb	0.36				1.39	1.00	0.92
Cs	20.10				179.00	146.00	115.03
Re	0.01				0.00	0.01	0.01
Tl	0.80				2.04	2.82	1.89
Bi	0.35				153.00	177.00	110.12

＊$E = 114°56'52.03''$，$N = 28°58'18.71''$，$H = 800m$

注：主量元素单位为%，微量元素单位为 ppm（$1ppm = 10^{-6}$）

区内新鲜无蚀变的晋宁期黑云母花岗闪长岩具中粗粒花岗结构，块状、斑杂状构造，主要矿物包括：长石，自形–半自形，占总含量的57%（钾长石占17%），斜长石多为自形板状，1~5mm，钾长石以半自形为主，表面泥化部分绢云母化；石英，他形–半自形，占总含量的20%~30%，半自形石英斑晶粗大，1~3mm，大者可达8mm，他形充填的石英半径为1mm左右，主要填隙在斜长石或黑云母斑晶的间隙，部分黑云母和斜长石与石英呈嵌晶形式；黑云母，呈自形片状，0.5~2.5mm，占总含量的10%左右（图2.3），部分云母沿边缘发生绿泥石化、绢云母化和白云母化等。晋宁期黑云岩花岗岩闪长岩与矿区燕山期花岗岩相比黑云母含量高，石英含量低，微斜长石含量极少，斜长石 An 值为35~42。副矿物有：锆石、磷灰石、钛铁矿和石榴子石等。

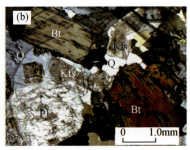

图 2.3　大湖塘钨矿田晋宁期黑云母花岗闪长岩特征

（a）晋宁期黑云花岗闪长岩手标本，片状黑云母自形程度好；（b）花岗闪长岩镜下特征，斜长石和钾长石自形–半自形，石英颗粒大小不一，半自形晶镶嵌在长石和黑云母斑晶间，颗粒边界清晰，矿物颗粒边缘整齐。Q-石英；Bt-黑云母；Pl-斜长石；Kfs-钾长石

2.3.2 大湖塘钨矿田燕山期岩浆活动特征

古生代岩浆活动相对较弱，而中新生代则较强，如酸性-中酸性岩浆多次上侵，形成了规模不等的岩株、岩瘤、岩床，侵入于九岭岩基或新元古代浅变质岩系中，岩性主要有（似）斑状黑云母花岗岩、黑云母花岗岩、白云母花岗岩、黑云母花岗斑岩（斑岩脉）、花岗斑岩（斑岩脉），中新生代是该区铜、锡、钨成矿密切相关的重要岩浆活动期。

在大湖塘钨矿田及区域对燕山期岩浆作用的精确年代学研究基础上（表2.2），结合野外地质证据，可以初步看出主要有三个侵入阶段：①第一阶段为152~148Ma的似斑状花岗岩系列（似斑状黑云母花岗岩、似斑状二云母花岗岩和花岗斑岩），相对应于第一次成矿时段；②第二阶段为144~140Ma的黑云母花岗岩系列（中粗粒白云母花岗岩、中粗粒二云母花岗岩、中细粒黑云母花岗岩、中细粒白云母花岗岩和花岗斑岩），相对应于第二次成矿时段，为主成矿阶段；③第三阶段为136~130Ma的花岗斑岩系列（花岗斑岩脉和斑岩脉），相对于成矿后阶段。

表2.2 华南典型钨锡钼铜矿区成岩与成矿时代对照表

矿区名	成因类型	主要矿物	岩性	成岩时代/Ma	数据来源
石门寺	细脉浸染+蚀变花岗岩型	白钨矿黑钨矿黄铜矿辉钼矿	（似）斑状黑云母花岗岩	147.4±0.58~148.3±1.9（锆石）；150.0±0.7（独居石）	Mao et al.，2015；叶海敏等，2016
			细粒黑云母花岗岩	144.7±0.47~146.1±0.64（锆石）；149±1（独居石）	Mao et al.，2015；叶海敏等，2016
			花岗岩斑岩	143.0±0.76~143.1±1.2（锆石）；148.2±1.2（独居石）	Mao et al.，2015；叶海敏等，2016
狮尾洞	细脉浸染石英大脉	白钨矿黑钨矿黄铜矿辉钼矿	（似）斑状黑云母花岗岩	144.0±0.6~144.2±1.3（锆石）	黄兰椿和蒋少涌，2012；Huang and Jiang，2014
			斑状二云母花岗岩	130.3±1.1（锆石）	Huang and Jiang，2014
			花岗斑岩（斑岩脉）	134.6±1.2（锆石）	黄兰椿和蒋少涌，2013
大雾塘	细脉浸染型、蚀变花岗岩型	白钨矿黑钨矿黄铜矿辉钼矿	（似）斑状黑云母花岗岩	150.4？	刘南庆等，2016b
			中细粒白云母花岗岩	133.7±0.5（锆石）	Huang and Jiang，2014
			细粒二云母花岗岩	130.7±1.1（锆石）	Huang and Jiang，2014

矿区名	成因类型	主要矿物	岩性	成岩时代/Ma	数据来源
大雾塘	细脉浸染型、蚀变花岗岩型	白钨矿黑钨矿黄铜矿辉钼矿	细粒黑云母花岗岩	141.4±1.6（独居石）	刘南庆等，2016b
			中粗粒白云母花岗岩	144.9±1.7（独居石）	刘南庆等，2016b
			花岗斑岩（斑岩脉）	140.3±1.9（独居石）	刘南庆等，2016b
昆山	细脉带型	辉钼矿黄铜矿黑钨矿	（似）斑状黑云母花岗岩	151.7±1.3（锆石）；150.2±0.8（独居石）	张明玉等，2016；刘南庆等，2016b
			花岗斑岩（斑岩脉）	136.6±2.5（锆石）	张明玉等，2016
宝山	斑岩型	黄铜矿	花岗闪长斑岩	147.8±0.5（锆石）	贾丽琼等，2015a
东雷湾	夕卡岩型	黄铜矿	花岗闪长斑岩	142.2±0.5（锆石）	贾丽琼等，2015b
塔前	夕卡岩型	辉钼矿、白钨矿	花岗闪长斑岩	160.9±2.5（锆石）	胡正华等，2015

燕山期花岗岩岩性及其之间的接触关系比较复杂，且多为隐伏岩体，地表出露有限，岩浆侵入具有多期次多阶段复式岩体特征。在系统的野外观测及室内岩矿鉴定的基础上，选定大湖塘地区燕山期花岗岩存在三阶段的四种主要的代表性岩石，进行了岩相学和全岩主微量分析研究，其中未蚀变（或微弱蚀变）全岩主微量分析测试结果见表2.3。三个阶段的岩石都具有超酸性、富碱、贫钠富钾等特征。准铝–过铝质高钾钙碱性花岗岩，轻重稀土分馏明显，Eu负异常明显，亏损Nb、Ta，Rb/Sr值高。形成该岩体的花岗岩浆为高度分异演化的残浆，W、Cu、Mo、Bi等元素含量明显高于南岭燕山期花岗岩。三个阶段的成矿元素和W差异较大，第一阶段的似斑状花岗岩含量与第三阶段的花岗斑岩接近，而第二阶段的含量最高，明显富集相关成矿元素，第二阶段的岩浆作用为成矿提供了相对大量的成矿物质。

表2.3　大雾塘矿区未（弱）蚀变燕山期主体侵入岩主微量元素特征表

样品编号	15DWTZ24	15DWTZ10	15DWTZ110	15DWTZ14	15DWTZ07	15CTG–21	15CTG–20	15CTG–25	15DWTZ112	15DWTZ114	15CTG–01	15CTG–41
岩性	中细粒黑云母花岗岩			中粗粒黑云母花岗岩					花岗斑岩（斑岩脉）		（似）斑状花岗岩	
SiO_2	71.49	70.65	71.52	72.96	72.66	72.85	72.97	72.4	73.35	72.22	72.63	72.89
TiO_2	0.029	0.025	0.032	0.041	0.072	0.059	0.077	0.095	0.098	0.104	0.132	0.132

续表

样品编号	15DWTZ24	15DWTZ10	15DWTZ110	15DWTZ14	15DWTZ07	15CTG-21	15CTG-20	15CTG-25	15DWTZ112	15DWTZ114	15CTG-01	15CTG-41
岩性	中细粒黑云母花岗岩			中粗粒黑云母花岗岩					花岗斑岩（斑岩脉）		（似）斑状花岗岩	
Al_2O_3	15.84	16.4	15.8	15.05	15.34	14.14	14.87	14.84	14.83	15.13	14.01	14.45
Fe_2O_3	0.32	0.28	0.23	0.34	0.18	0.49	0.36	0.38	0.37	0.43	0.65	0.26
MnO	0.104	0.127	0.106	0.242	0.057	0.081	0.085	0.073	0.068	0.071	0.077	0.064
MgO	0.053	0.037	0.059	0.062	0.093	0.137	0.15	0.232	0.183	0.172	0.264	0.27
CaO	0.48	0.685	0.636	0.361	0.398	0.565	0.546	0.551	0.596	0.636	0.73	0.736
Na_2O	5.59	5.56	5.1	4.25	4.27	3.65	3.8	4.6	3.88	4.01	3.85	3.74
K_2O	3.34	3.3	3.58	3.85	4.34	4.6	4.32	3.02	3.73	3.78	4.12	4.81
P_2O_5	0.343	0.602	0.606	0.349	0.285	0.271	0.335	0.271	0.358	0.413	0.2	0.206
LOI	0.64	0.85	0.65	0.89	0.69	0.38	0.64	0.54	1.06	1	0.52	0.69
总量	98.23	98.51	98.32	98.40	98.38	97.22	98.15	97.00	98.52	97.97	97.18	98.24
TFe	1.85	1.53	1.66	1.71	1.55	3.02	1.96	3.23	1.61	2.21	3.3	1.86
FeO	1.56	1.28	1.45	1.4	1.39	2.58	1.64	2.89	1.28	1.82	2.72	1.63
$Mg^{\#}$	5.71	4.90	6.76	7.32	10.65	8.65	14.02	12.52	20.31	14.42	14.75	22.79
Na_2O+K_2O	8.93	8.86	8.68	8.1	8.61	8.25	8.12	7.62	7.61	7.79	7.97	8.55
Na_2O/K_2O	1.67	1.68	1.42	1.10	0.98	0.79	0.88	1.52	1.04	1.06	0.93	0.78
Cs	197	515	274	146	262	315	314	339	383	422	93.3	126
Li	234	872	325	480	428	595	756	489	1153	1369	225	246
Rb	1228	1719	1115	979	924	720	740	585	750	792	440	441
Ba	42.9	12.7	19.3	12.6	14.2	71.8	76.6	45.4	32.1	25.1	81.7	106
Sr	36.1	33.8	59.2	11.1	9.4	24.8	20.8	30.8	19.3	14.8	35.3	36.2
Pb	11.7	2.77	15	11.9	9.06	22.9	18.9	16.4	8.75	9.97	23.4	30.8
Cr	5.84	3.35	1.26	3.86	3.58	9.92	4.02	8.37	6.87	3.3	12.5	5.16
Ni	3.12	1.7	1.92	1.72	1.71	4.29	2.1	3.86	3.19	1.52	4.47	2.42
V	4.75	3.98	4.9	5.01	4.68	6.17	3.87	6.29	7.26	6.8	9.62	7.87
Sc	0.396	0.335	0.394	1.24	4.53	2.3	3.76	2.07	3.61	3.93	2.9	2.56
Ga	34.3	33.9	30.5	32.6	36.6	25.8	31.1	26.9	26.1	26.7	26.8	23.7
Zn	205	84.1	139	116	91	54.4	70.7	74.4	84.1	73.2	78.9	49.4

样品编号	15DW TZ24	15DW TZ10	15DW TZ110	15DW TZ14	15DW TZ07	15CTG -21	15CTG -20	15CTG -25	15DW TZ112	15DW TZ114	15CTG -01	15CTG -41
岩性	中细粒黑云母花岗岩			中粗粒黑云母花岗岩					花岗斑岩（斑岩脉）		（似）斑状花岗岩	
Bi	2.24	1.41	2.13	10.2	5.65	6.06	7.08	4.39	1.79	1.74	1.27	6.78
U	18.9	15.9	10.8	28.1	36.5	27.1	26.9	28.6	33.8	22.1	20.6	20.3
Zr	36	35.1	32.4	52.3	36.2	42.6	37.6	41.6	53.6	45	70.9	61.9
Hf	3.76	3.46	3.72	3.18	2.32	2.43	2.21	2.19	2.6	2.01	3.14	2.38
Y	5.66	4.17	3.64	8.75	6.64	7.84	9.58	6.47	9.74	8.26	9.69	10.6
Nb	66.9	62.4	48.3	44.4	35.2	19.3	27.9	20.5	27.5	24.7	16.8	14.3
Ta	80.6	71.2	23.7	29.4	21.1	14.5	15.7	10.2	12.7	11.1	7.21	7.77
Th	3.17	2.89	1.97	6.22	5.32	5.33	5.17	6.46	5.91	5.1	11.4	13
Tl	6.31	9.45	5.67	4.92	4.93	3.71	3.78	2.27	4.15	4.15	2.05	1.91
Be	3.44	14	5.7	2.29	8.61	40.8	67.2	89.1	4.76	7.57	52.9	129
Co	0.999	0.588	0.823	0.543	0.813	1.73	1.03	1.78	1.47	1.03	2.42	1.79
Cu	181	11.5	193	244	44.8	17	17	16.9	32.2	17.9	14.9	28.6
Mo	10.6	6.18	5.38	7.35	7.29	19.9	10	17.1	12.7	6.57	18.8	6.26
Cd	0.393	0.093	0.189	0.293	0.095	0.119	0.141	0.164	0.117	0.081	0.11	0.094
In	0.683	0.135	0.38	0.364	0.244	0.241	0.339	0.313	0.303	0.272	0.224	0.108
Sb	0.714	0.521	0.457	0.642	0.531	0.792	0.154	0.801	0.656	0.355	0.686	0.385
W	11.7	14.5	8.76	846	19.1	21.8	31.5	19.4	11.8	11.8	10.6	13.2
Re	0.001	0.004	0.001	0.049	0.007	0.003	0.003	0.004	0.005	0.039	0.002	0.001

注：主量元素单位为%，微量元素单位为ppm

1. 似斑状花岗岩系列（152~148Ma）

似斑状花岗岩系列（152~148Ma）是以灰白（略带红）色（似）斑状黑云母花岗岩为主体的代表岩石［图2.4（a）］。主体岩石单元具（似）斑状结构，基质多为中细粒花岗结构［图2.4（b）］。呈隐伏岩株状产出，与晋宁期黑云母花岗闪长岩的接触面凸凹不平，波状起伏。灰白色，似斑状结构，基质中粒结构，块状构造。斑晶以斜长石、石英为主，斑晶含量约占49%（其中斜长石占34%、石英占15%），粒度一般为0.5~1cm，斜长石斑晶大者大于2cm。中粒结构的基质由石英、斜长石和白云母组成，约占51%（其中石英占18%、斜长石占25%、白云母占5%、黑云母少量）。经过了同期强烈的碱交代［自变质钾长石化，并使周边晋宁期花岗闪长岩黑云母发生强烈黑（鳞）云母化］和期后或后期不同程度的酸交代蚀变（云英岩化、绢英岩化、硅化等）。

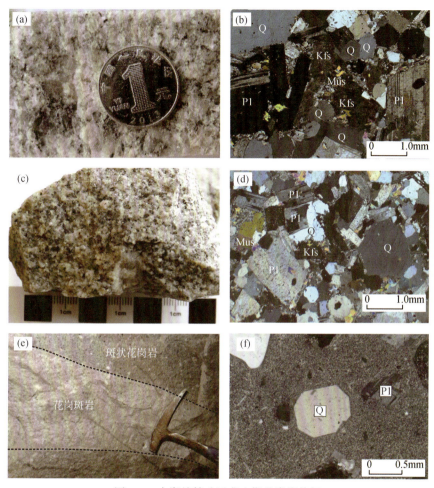

图 2.4　大湖塘钨矿田燕山期花岗岩特征

（a）（似）斑状黑云母花岗岩；（b）（似）斑状黑云母花岗岩，似斑状结构，自形的斜长石和钾长石，颗粒边界清晰，矿物颗粒边缘整齐；（c）中细粒黑云母花岗岩；（d）中细粒黑云母花岗岩，花岗结构，自形的斜长石和钾长石，颗粒边界清晰，矿物颗粒边缘整齐；（e）花岗斑岩脉穿插到（似）斑状黑云母花岗岩中；（f）花岗斑岩，斑状结构，石英斜长石斑晶自形程度好。Q-石英；Pl-斜长石；Kfs-钾长石；Mus-白云母

（似）斑状黑云母花岗岩在爆破角砾岩中呈角砾状，在细粒黑云母花岗岩中呈捕房体产出或被细粒黑云母花岗岩枝穿插。目前在地表多见于石门寺矿区中部，分布于 12 线～16 线、8 纵线～7 纵线 1100m±标高之下的山谷中，往四周见于绝大部分钻孔 1100m 标高之下的岩心和 PD1、PD2、PD3、PD402、PD802、PD801 坑道中，为一半隐伏岩体，顶部面积超过 1.7km²。地表露头和勘查工程

资料显示岩体的形态较规则，为一规模较大、顶部较平缓的岩株（图 2.5）；昆山矿区深部钻探亦有见及。

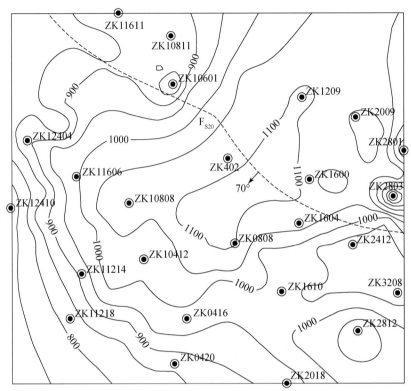

图 2.5　大湖塘钨矿田石门寺矿区（似）斑状黑云母花岗岩株顶面等高线图（项新葵等，2012）

2. 第二阶段的黑云母花岗岩系列（144～140Ma）

第二阶段的黑云母花岗岩系列（144～140Ma）是以深灰色–灰色中细粒黑（白）云母花岗岩为代表的岩石系列［图 2.4（c）］，中细粒黑云母花岗岩以花岗结构为主［图 2.4（d）］。其中中粗粒白云母花岗岩，地表未见出露，一般在钻孔最深部可见到，穿切（似）斑状花岗岩，灰白色中粗粒等粒结构。细粒白云母花岗岩，以脉状形式穿插到斑状二云母花岗岩中，灰白色细粒等粒结构。中细粒黑云母花岗岩，在一矿带地表出露，浸染状铜矿化，且达工业品位，深部见其呈脉状穿插在晋宁期的黑云母花岗闪长岩中，并包含有晋宁期的黑云母花岗闪长岩的捕虏体。中细粒黑云母花岗岩，似斑状结构，斑晶为中粒等粒结构，基质为细粒结构。似斑状结构的斑晶以斜长石、石英为主，其次是钾长石及少量黑云母、白云母。斑晶与斑晶形成连斑结构，斑晶为 0.5～4cm，钾长石斑晶大者大于 4cm。基质由石英、钾长石及少量更长石组成。钾长石具显微正条纹构造，并有卡氏双晶。钾长石交代斜长石并包裹斜长石。基质溶蚀斑晶,形成锯齿状边缘和交代穿孔结构。

中细粒黑(白)云母花岗岩相伴随的岩浆热液,在似斑状黑云母花岗岩与晋宁花岗岩接触带(似斑状花岗岩冷凝收缩后形成应力低空间),岩浆热液结晶分异组成的条带状、团块状构造伟晶岩,并定向排列构成斑马纹状构造[图2.6(a)、(b)]。同时伴有磷灰石、电气石、萤石、白云母、方解石、绿泥(帘)石化和与其结构相匹配的原生细粒状黑钨矿、白钨矿、黄铜矿、辉钼矿化[图2.6

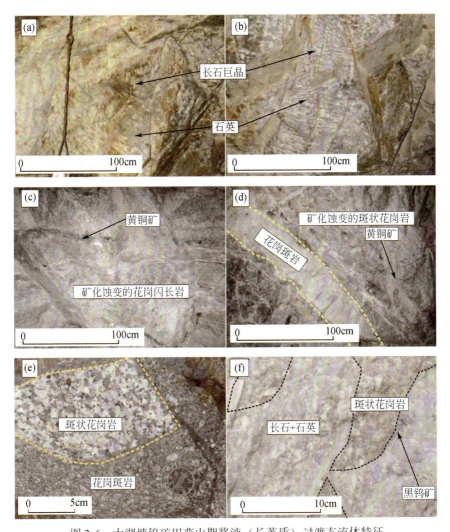

图2.6 大湖塘钨矿田燕山期浆液(长英质)过渡态流体特征

(a)、(b)由长英质矿物组成的斑马纹状构造;(c)、(d)原生蚀变、矿化花岗质岩石;
(e)含蚀变花岗闪长岩捕房体的灰色花岗斑岩(斑岩脉);(f)含交代残留体的熔-流体岩石

（c）、（d）］。其中细粒黑（白）云母花岗岩多与长英质、云英质流体组成混合型岩石单元，花岗斑岩（斑岩脉）多呈边缘相或岩脉、岩舌状产出，亦有与长英质、云英质流体混生现象［图 2.6（d）］。

3. 第三阶段的花岗斑岩系列（136～130Ma）

第三阶段的花岗斑岩系列（136～130Ma）是以浅黄色斑岩脉为代表的岩石［图 2.4（e）］，呈斑状结构、基质具微-隐晶质、无任何流体交代蚀变为特征［图 2.4（e），图 2.6］。花岗斑岩穿切所有的岩石单元，但其规模不大，零散分布于大湖塘、大雾塘、昆山等矿区。岩脉中石英脉不发育，岩石颜色较浅，为浅肉红色，风化后为黄白色，斑状结构［图 2.4（f）］。斑晶主要是斜长石和石英，其次是钾长石，含少量的黑云母和角闪石。基质主要是长英质和少量水云母集合体，长英质光性模糊，隐晶结构。

研究区内燕山早期岩体主要出露在石门寺矿区以北，以及杨狮殿（昆山）矿区相对较深部位（+900～+600m 标高），燕山晚期岩体主要出露于石门寺矿段南部—大雾塘矿区平苗、东陡崖、一矿带矿段—狮尾洞矿段北部地表及（或）相对较浅部位（+1000m 标高以下）。由此可以看出，大湖塘矿集区石门寺—杨狮殿（昆山）地段，燕山期岩浆活动具有南北相对较早且侵位较深、中部相对较晚且侵位较浅的内缩式侵入机制。

第二阶段和第三阶段的岩石中伴有晋宁晚期黑云母花岗闪长岩和燕山早期（似）斑状黑云母花岗岩捕虏体或交代残留体［图 2.6（e）、（f）］。（似）斑状黑云母花岗岩以碱交代（长石化）相似，叠加有不同程度的云英岩化、绢英岩化、硅化、绿泥石化等蚀变，具有不均匀裂隙状，小团块状白钨矿、黑钨矿、黄铜矿、辉钼矿。长英质流体主要集中在大湖塘矿区石门寺矿段南部、苗尾矿段、狮尾洞矿段和大雾塘矿区，浅部多为岩脉、岩舌、岩墙状产出，呈爆发式侵入，在爆破角砾岩中以胶结物形式存在［图 2.6（e）、（f）］，在昆山矿区表现为沿构造裂隙充填的花岗斑岩（斑岩脉）脉。经勘查工程揭示，在标高+600m 深度可能连为一体，与灰白（略带红）色斑状黑云母花岗岩为代表的围岩接触界面陡立。

2.4　水系沉积物地球化学特征

大湖塘矿区含矿岩体或 W、Cu 矿体裸露地表地段，水系沉积物中的 W、Sn、Cu、Mo 呈现明显高强异常，Bi、Ag、Cd、F 等伴生元素亦有相似的趋势，所以寻找该类型矿的水系沉积物最佳指示元素为 W、Cu、Mo、Sn、Bi、Ag、Cd、F。

矿区岩石在风化作用下，土壤剖面中碱金属、碱土金属元素大量淋失，TFe_2O_3、

MgO、MnO、P_2O_5、TiO_2、SiO_2 等组分在土壤中明显减少，但是在土壤岩石碎块中 Fe、Mg 残留下来；与此同时主成矿元素及伴生元素在各土壤层中总体残留下来，W、Cu 等成矿元素在风化作用中形成的次生风化产物呈逐步富集过程，组分总体淋失率为 18.2% ~41.6%。因此，本区采样深度 20~40cm，粒度 20~40目的岩石 B 层土壤是寻找区域内 W、Sn、Cu 矿区有效的采样介质。

通过对江西物化探大队提供的大湖塘钨矿田 1∶20 万水系沉积测量数据，进行重新整理，依据元素数据计算获得样本标准偏差/平均值（表2.4），获得异常元素为 Ag、As、Au、Bi、Cd、Cu、Hg、Mo、Sb、Sn、W。计算水系沉积物元素含量的相关系数矩阵及其相关聚类，从而获得相关聚类图（图2.7）。从图中可以看出，Ag、Sn、W、Bi、Mo、Au、As、Cu、Sb、F、Li 为一大类，相关性好，在水系沉积物中具有同步富集的规律，代表水系沉积物的物源地区基岩的此类元素具有很高的浓集倍数。

综合起来看，我们分析计算了元素 Ag、As、Au、Bi、Cd、Cu、F、Hg、Li、Mo、Pb、Sb、Sn、W 和 Zn 的单元素异常，外加 Ag-W-Sn、Au-Cu-Sb、As-F-Li 的组合元素异常。组合元素的值由各元素的值与其平均值的比值然后相加而获得。针对上述元素异常分析结果，综合大塘湖钨矿田的地质地球化学资料，应用中国地质调查局发展研究中心开发的"多元地学空间数据管理与分析系统"（GeoExpl2005）及 MapGIS6.5 联合分析得出的各元素地球化学异常图，由于本书篇幅限制，此处只列出 W、Cu、Mo 和 Zn 元素异常图（图2.8~图2.11）。

表 2.4 元素的样本标准偏差/平均值

元素	最大值	最小值	平均值	样本标准偏差	样本标准偏差/平均值	最大值/平均值
Ag	3000	39	113.54	164.65	1.45	26.42
As	164	0.5	18.86	18.87	1.00	8.70
Au	51	0.2	1.76	2.89	1.64	28.91
B	320	4.5	87.05	48.60	0.56	3.68
Ba	662	142	380.62	64.49	0.17	1.74
Be	21	0.9	2.58	1.97	0.77	8.15
Bi	64	0.1	1.93	6.30	3.26	33.08
Cd	11000	31	130.27	479.30	3.68	84.44
Co	34	6	15.50	4.32	0.28	2.19
Cr	290	18	56.00	19.24	0.34	5.18
Cu	861.1	7.8	38.23	68.06	1.78	22.53

元素	最大值	最小值	平均值	样本标准偏差	样本标准偏差/平均值	最大值/平均值
F	2500	160	501.18	235.58	0.47	4.99
Hg	2460	10	199.09	318.54	1.60	12.36
La	283	15	43.13	22.01	0.51	6.56
Li	330	31	70.23	39.18	0.56	4.70
Mn	2107	335	726.30	150.29	0.21	2.90
Mo	32	0.1	1.02	2.69	2.64	31.39
Nb	30.2	1.4	13.12	3.25	0.25	2.30
Ni	46	2.4	26.64	6.90	0.26	1.73
P	1088	75	524.59	113.88	0.22	2.07
Pb	105	12.1	35.37	8.87	0.25	2.97
Sb	24	0.1	0.83	1.37	1.66	29.06
Sn	1259	0.2	11.40	58.05	5.09	110.47
Sr	117	14.6	46.70	15.28	0.33	2.51
Th	178	9	14.05	11.14	0.79	12.66
Ti	8806	1422	4133.88	983.32	0.24	2.13
U	27.4	1.3	3.44	2.04	0.59	7.97
V	148	25	80.50	20.33	0.25	1.84
W	3085	0.3	32.22	173.80	5.39	95.74
Y	220	8.8	40.56	24.35	0.60	5.42
Zn	194	25	95.37	19.35	0.20	2.03
Zr	1300	33	319.51	122.69	0.38	4.07
Al_2O_3	23.4	0.9	16.90	2.17	0.13	1.38
CaO	2.1	0.1	0.36	0.22	0.61	5.76
TFe_2O_3	8.3	2.5	5.20	1.01	0.19	1.60
K_2O	9.3	0.2	3.28	0.69	0.21	2.84
MgO	2.1	0.3	1.07	0.28	0.26	1.96
Na_2O	3.1	0.1	0.69	0.52	0.75	4.48
SiO_2	79.9	44	61.12	5.02	0.08	1.31
Ag-W-Sn	378.08	0.9453	4.51	19.47	4.32	83.82
Au-Cu-Sb	60.243	1.00597	3.08	4.26	1.38	19.58

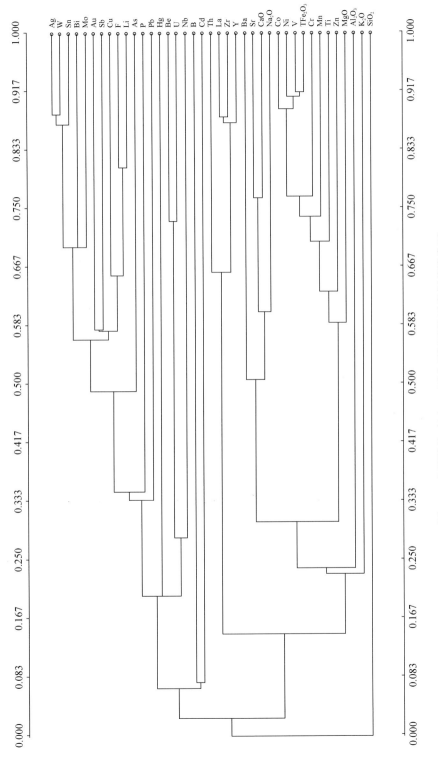

图2.7　大湖塘钨矿田1:20万水系沉积物元素相关聚类图

　　大湖塘钨矿田成矿元素主要有 W、Sn、Mo、Cu、Pb、Zn 等。成矿元素区域地球化学场变化较复杂：西部背景含量偏高，呈近 EW 向和 NNE 向展布，异常值较高，异常规模大，W、Sn、Mo 分带明显，内带常有套合 Cu、Zn、Ag 异常，分布在矿田或矿区所在部位；东部背景含量偏低，呈现 NE 向、NNE 向平缓的谷脊相间的波状起伏，上述元素异常较发育，常以多元素组合异常出现，异常多呈线型分布，高异常含量值变化幅度大，异常规模偏小，异常中心部位常有矿区（点）分布。

　　水系沉积物地球化学异常 W、Sn、Mo、Bi、Cu、Pb、Zn、Au、Ag 呈近 EW 向和 NNE 向带状或等轴状分布（图 2.8 ~ 图 2.11），异常面积达 1000km^2，内带主要分布在北部大湖塘矿田内，面积为 350km^2；南部九龙尖出现一个 Cu、Mo 内带，面积约 10km^2；西部围绕眉毛山燕山期岩体分布了一个 W、Sn、Mo、Bi 综合异常，面积约 100km^2。大湖塘钨矿田上述各元素呈环带分布，套合良好，已知矿区（点）均在异常分布区内。成矿元素与化探异常元素十分吻合，水系沉积物异常具有良好的找矿指示意义。

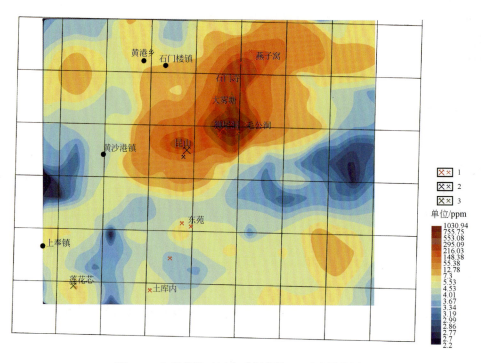

图 2.8　大湖塘钨矿田水系沉积物 W 元素异常图

1−大中型钨铜钼矿；2−中小型钼铜钨矿；3−中小型铜钼钨矿

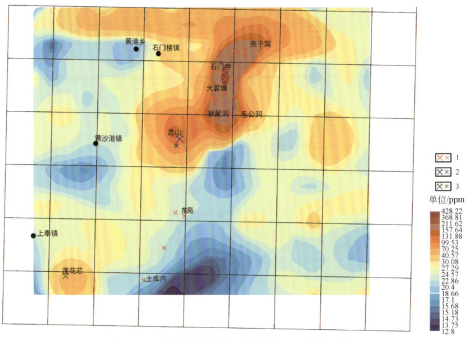

图 2.9　大湖塘钨矿田水系沉积物 Cu 元素异常图

1-大小型钨铜钼矿；2-中小型钼铜钨矿；3-中小型铜钼钨矿

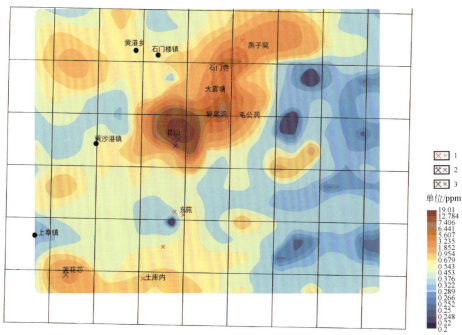

图 2.10　大湖塘钨矿田水系沉积物 Mo 元素异常图

1-大小型钨铜钼矿；2-中小型钼铜钨矿；3-中小型铜钼钨矿

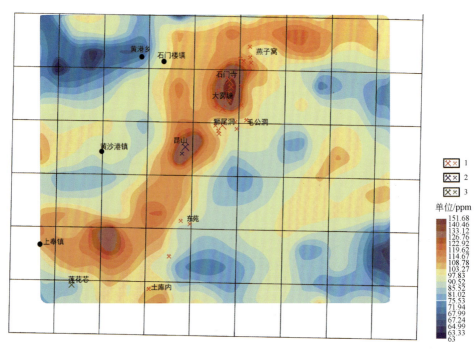

图 2.11   大湖塘钨矿田水系沉积物 Zn 元素异常图
1−大小型钨铜钼矿；2−中小型钼铜钨矿；3−中小型铜钼钨矿

2.5   矿 产 特 征

江西北部处于扬子、华夏两个古板块的碰撞对接地带，经燕山期陆内强烈造山，构成了极为有利的成矿地质环境。自北而南跨越长江中下游、江南、钦杭、罗霄−北武夷等著名成矿带，产布有 Cu、Au、Ta、U、Ag、W、Sn、Fe、Mn、Pb、Zn 等诸多大中型矿区，是我国华南地区极为重要的有色、稀有、黑色、贵金属成矿区域。

据杨明桂等（2004）的研究，赣北地区的成矿规律十分明显（图 2.12）。在成矿空间上，与该区"两隆两拗"四条构造−岩浆带相对应，构成"两铜两钨"四条特点鲜明的近 EW 向成矿带。在这种纬向或近纬向分带的基础上，矿区分布具有 NNE 成行，EW 向成串的网络格局。在成矿时间上，赣北地区具有多期成矿的时间分布特点，总体可划分为晋宁、加里东、海西、燕山四个成矿期，其中燕山陆内造山金属成矿期是区内一系列中大型金属矿区成型的主要成矿时期。

在控岩控矿因素上，构造分级控矿十分明显。古板块对接带与陆内俯冲带控制巨型成矿带定位；深断裂带与隆拗交接带控制重要矿带定位；不同方向矿带复

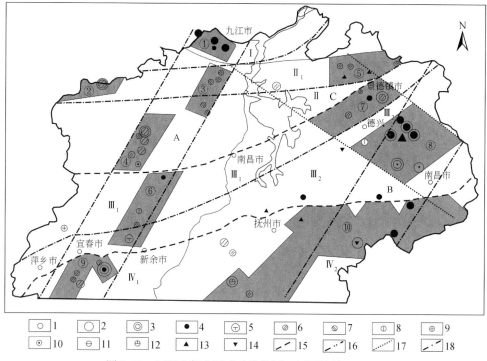

图 2.12　江西北部金属成矿规律图（杨明桂等，2004）

1-中型矿区；2-大型矿区；3-超大型矿区；4-铜；5-铁；6-钨；7-锡；8-铅锌；9-钴；10-钽铌；11-锑；12-铀；13-金；14-银；15-近 EW 向成矿带界线；16-NNE 向成矿带界线；17-NW 向成矿带界线；18-主要矿带界线；Ⅰ-长江中下游巨型成矿带；Ⅱ-九岭-鄣公山成矿带；Ⅱ₁-香炉山-莲花山矿带；Ⅲ-赣中成矿带；Ⅲ₁-乐平-上高矿带；Ⅲ₂-宜春-德兴矿带；Ⅳ-武功山-北武夷成矿带；Ⅳ₁-武功山矿带；Ⅳ₂-北武夷矿带；A-彭山-武功山成矿带；B-铜厂-冷水坑成矿带；C-九江-德兴成矿带。矿集区：①九瑞；②香炉山；③彭山-云山；④大湖塘；⑤莲花山；⑥村前-七宝山；⑦乐平；⑧德兴；⑨武功山；⑩冷水坑-永平

合控制矿集区定位；构造结则控制矿区（田）定位。多元叠加、"层""岩"复合定位常见。而韧性剪切-挤压带、层间构造带、剪切裂隙带、接触构造带、断裂破碎带等是控制矿体展布的主要构造。

　　研究区所属的九岭-鄣公山钨锡金多金属成矿带属江南巨型成矿带东段，与九岭-鄣公山构造隆起-花岗岩带匹配。一系列大中型钨锡金矿区沿 EW 向大致等距分布，成矿以受短轴背斜构造与花岗岩穹窿控制为特征。带内 EW 向、NNE 向横纵交叉次级分带明显，拥有香炉山（大型）、大湖塘（超大型）、彭山-云山（大型）、阳储岭（大型）、莲花山（中型）五个矿集区，是赣北重要的钨锡金成矿区带。它们在空间上沿 NNE 向与近 EW 向"双向"复合分带明显；时间上显示燕山期集中成矿但内部成矿阶段叠加、多类型聚合的成矿特征。

第3章 蚀变岩相学特征

3.1 蚀变作用及期次

3.1.1 蚀变期次

通过系统的显微岩相学、矿物学（原生矿物与热液蚀变矿物共生世代关系）等研究，厘定研究区至少经历了五个阶段的热液蚀变。

阶段Ⅰ，前燕山期（似）斑状黑云母花岗岩侵入作用阶段，即区域热作用阶段，主要为晋宁期花岗闪长岩本身冷凝结晶后经历了一次热平衡事件，即原生棕褐色黑云母浅绿色化，浅绿色黑云母化阶段（图 3.1）。

阶段Ⅱ，燕山期（似）斑状黑云母花岗岩的侵入作用，高温高压岩浆热液作用阶段，侵位过程中，巨量的挥发分聚集在侵入岩株顶部，沿着侵入构造活动造成破碎断裂或裂隙，形成晋宁期花岗闪长岩大面积面型黑云母化蚀变阶段，即棕褐色片状黑云母和浅绿色片状黑云母蚀变而成，细小鳞片状褐色黑云母，即黑鳞云母（黑云母）化阶段（图 3.1）。

阶段Ⅲ，燕山期（似）斑状黑云母花岗岩期后热液和中细粒黑云母花岗岩侵入带来的岩浆热液混合阶段，由于黑云母化作用，以及大量硅的加入，原生的碱性流体逐渐变为弱碱性，再加入岩浆带来挥发分和富集成矿元素的热液流体，对围岩交代蚀变阶段，即弱碱性蚀变（绢云母化）和弱酸性蚀变（绢云母+石英）蚀变阶段（图 3.1）。

阶段Ⅳ，燕山期细粒黑云母花岗岩期后热液早阶段，流体由于前期与围岩交代蚀变，同时可能有大气降水的加入，以及可能有减压沸腾等作用，使得流体的酸碱出现急剧变化，成矿物质大量卸载，即对应于主成矿阶段，先是黑钨矿和白钨矿及少量的硫化物沉淀析出，即云英岩化（白云母+石英）（图 3.1）。

阶段Ⅴ，燕山期细粒黑云母花岗岩期后热液晚阶段，少量的黑钨矿和白钨矿沉淀，大量硫化物的沉淀阶段，对应于石英大脉型矿体（图 3.1）。

3.1.2 蚀变作用类型

大湖塘钨矿田蚀变分带，对典型矿区（石门寺、大雾塘、狮尾洞和昆山）野外系统观察取样和室内镜下岩矿鉴定，厘定与成矿关系密切的蚀变类型主要有钾交

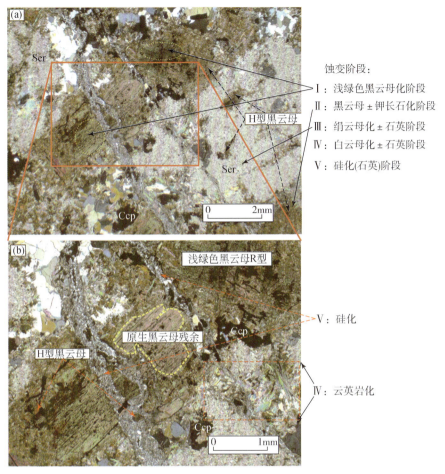

图 3.1　大湖塘钨矿田热液蚀变期次

阶段Ⅰ，前燕山期（似）斑状黑云母花岗岩侵入作用阶段，浅绿色黑云母化阶段；阶段Ⅱ，燕山期
（似）斑状黑云母花岗岩的侵入作用，高温高压岩浆热液作用阶段，面型黑云母化蚀变阶段，即棕
褐色片状黑云母和浅绿色片状黑云母蚀变成细小鳞片状褐色黑云母，即黑鳞云母（黑云母）化阶
段；阶段Ⅲ，燕山期（似）斑状黑云母花岗岩期后热液和中细粒黑云母花岗岩侵入带来的岩浆热液
混合阶段，即弱碱性蚀变（绢云母化）和弱酸性蚀变（绢云母＋石英）蚀变阶段；阶段Ⅳ，燕山期
细粒黑云母花岗岩期后热液早阶段，即云英岩化（白云母＋石英）；阶段Ⅴ，燕山期细粒黑云母花岗
岩期后热液晚阶段，对应于石英大脉型矿体。Ser-绢云母；Ccp-黄铜矿

代（黑云母化±绢云母化）、绢英岩化（绢云母±石英）、云英岩化（白云母±石英）
和硅化（次生石英）。

1. 碱交代蚀变（黑云母化/黑鳞云母化/钾长石化/钠长石化）

大湖塘钨矿田的接触带外带的晋宁期黑云母花岗闪长岩中的碱交代蚀变，以

原生黑云母局部或全部黑云母（黑鳞云母）化最为普遍（图3.2），原生斜长石部分沿着边缘出现黑云母化［图3.2（d）］，原生石英沿着边缘黑云母化［图3.2（d）］，而斜长石钾长石化或绢云母化则也是碱交代现象之一。黑云母化在研究区较均匀分布，钾长石化和绢云母化则局部出现，总体以面型蚀变为特征，由北（石门寺）到南（狮尾洞），其蚀变面积超过$10km^2$，肉眼可见的黑云母由片状（1～3mm）蚀变成粉末状（<1mm）［图3.2（a）］。

图3.2　黑云母化的晋宁期黑云母花岗闪长岩
（a）黑云母化的黑云母花岗闪长岩；（b）石英和钾长石黑云母化的黑云母花岗闪长岩；
（c）、（d）黑云母岩原生矿物间隙交代蚀变石英、钾长石等矿物。Q–石英；Kfs–钾长石

　　而内接触带的（似）斑状黑云母花岗岩的碱交代蚀变，以钾长石化和钠长石化为主，出现钾交代和钠交代相互更替的波动特征。但由于后期的酸性蚀变破坏，以局部残留，或长英质伟晶岩脉的形式分布，蚀变的空间范围较小，与晋宁期花岗岩的碱性蚀变形成下缩式形态，可能与晚期流体的弱碱性和热液驱动力减弱，或者是地壳抬升有关，只有在深部才能观察到较好的碱交代现象。

2. 绢英岩化（绢云母±石英）

　　绢英岩化在研究区的分布较零散，是一种弱碱性向弱酸性蚀变过渡状态

［图 3.3 (a)、(b)］，绢云母（绢英岩）化表现为原生矿物（斜长石、钾长石、黑云母等）的绢云母化［图 3.3 (c)］，也可以叠加在前期热液蚀变成因的矿物（强碱性蚀变成因）之上，更可以被晚期的云英岩化蚀变破坏［图 3.3 (d)］。

图 3.3　绢云母化和绢英岩化镜下特征

(a) 黑云母部分绢云母化；(b) 强烈绢云母交代黑云母和石英；(c) 斜长石的绢云母化；
(d) 强绢云母化被晚期的云英岩化和硅化交代切割。Q-石英；Ser-绢云母；
Mus-白云母；Pl-斜长石；Ap-磷灰石

3. 云英岩化（白云母±石英）

云英岩化蚀变是研究区成矿物质沉淀相伴随的一种最为重要的蚀变，是研究区微细浸染型矿体形成的关键，是一种高温热液酸性蚀变，以白云母化为其最为明显的矿物学特征（图 3.3）。白云母交代原生矿物也可以交代蚀变前期形成的蚀变矿物，最为明显的是黑云母的白云母化、长石类矿物的白云母化，以及沿矿物间隙的石英细脉的形成［图 3.4 (c)］，从而过渡到硅化蚀变阶段，云英岩化与硅化蚀变本身没有截然的界线，两者表现在矿物学上的差异，只是在蚀变到不足以形成白云母后，只形成石英类矿物为特征，如石英脉侧的白云母化带［图 3.4 (d)］，靠近绢云母一侧可以定义为白云母化，而靠近石英脉一侧则可以定义为云英岩化，石英脉中间则可以确定其为硅化。

图 3.4　云英岩化和硅化镜下特征

Q-石英；Mus-白云母；Ccp-黄铜矿；Mol-辉钼矿；Sch-白钨矿；Ser-绢云母

4. 硅化（热液硅化和石英大脉）

硅化蚀变大多以叠加的方式出现在前期各种蚀变之上，其最主要的表现体现在，研究区的石英大脉型的矿石，以及各种石英细脉乃至微脉［图 3.3（d），图 3.4（c）］。硅化阶段本身是最主要的硫化物生成阶段，主要以石英大脉的形式存在于研究区中，占资源储量的 1% 左右。

3.2　典型矿区蚀变空间分带特征

3.2.1　石门寺矿区

1. 蚀变类型及蚀变特征

石门寺钨矿区燕山期伴随着岩浆活动的热液流体，与围岩发生强烈的交代蚀变，每一期岩浆作用带来了一期热液流体。早期形成的交代岩成为晚期热液作用的围岩，围岩每被交代蚀变一次，就记录了一次热液流体作用的物理化学特征。由于研究区燕山期岩浆作用的多期性，相应伴随的热液活动同样存在多期性，由此造成了研究区蚀变种类繁多，蚀变叠加现象普遍存在。不同类型的矿体具有不同的围岩蚀变特征。在矿化富集中心也是蚀变最强烈的中心，早期蚀变被晚期蚀变强烈交代，使得早期蚀变的痕迹几乎被破坏，因而造成研究区的蚀变空间分带特征不是很明显。

综合陈文文（2015）和丁伟开（2016）的研究，认为石门寺矿区主要的热液蚀变类型有云英岩化、黑云母化、钾长石化、绢云母化、钠长石化、白云母化及硅化等，比较成矿后的绿泥石化，偶见电气石化等。跟矿化密切相关的有云英岩化、硅化、绢云母化和黑云母化，蚀变作用越强烈，矿化强度越高。

1）外带新元古代（晋宁期）黑云母花岗闪长岩蚀变类型及特征

石门寺矿区内燕山期（似）斑状黑云母花岗岩岩浆侵入到新元古代（晋宁期）黑云母花岗闪长岩，形成侵入接触关系，特别是（似）斑状黑云母花岗岩的岩株顶部是蚀变强烈中心，更是矿化中心。外带的黑云母花岗闪长岩发生了以黑云母化、云英岩化、绢英岩化和硅化为主的蚀变等。其中，黑云母化主要表现为粗粒板状的黑云母被交代蚀变，并形成细小且呈鳞片状的黑云母集合体（图3.5）；可见蚀变成因的黑云母被白云母交代的蚀变现象［图3.5（b）］；云英岩化主要表现为黑云母、斜长石被石英和白云母交代［图3.5（c）］，斜长石可发生绢云母化作用［图3.5（c）］，也可见钾长石绢云母化［图3.5（d）］，黑云母花岗闪长岩云英岩化强烈时，完全白云母化和石英化形成云英岩。

2）内带燕山期围岩蚀变类型及特征

（1）（似）斑状花岗岩

石门寺矿区内带燕山期（似）斑状花岗岩的蚀变主要为早期的钾长石化及钠长石化（碱性蚀变）和绢云母化，以及叠加的云英岩化（酸性蚀变）和硅化。

图 3.5 石门寺矿区外带黑云母花岗闪长岩中的蚀变特征

（a）原生黑云母的黑云母化+云英岩化；（b）原生石英黑云母化；（c）绢英岩化及斜长石绢云母化；
（d）绢英岩化及钾长石绢云母化。Q-石英；Bi-黑云母；Pl-斜长石；Mus-白云母；Ser-绢云母

其中，云英岩化表现在斜长石或钾长石被白云母交代后，白云母呈不规则状充填于长石和黑云母的解理、裂隙和矿物粒间间隙［图 3.6（a）］，内带燕山期（似）斑状黑云母花岗岩云英岩化相对于外带较弱，而绢云母化则强烈［图 3.6（b）］。（似）斑状花岗岩云英岩化特征与晋宁期花岗闪长岩云英岩化特征相似，但相对后者前者的岩石颜色更浅，石英及浅色云母含量增加。

钾长石化主要表现为斜长石被钾长石交代［图 3.6（c）］，钾长石沿斜长石边缘进行交代时，可在白色斜长石斑晶边缘形成一圈粉红色的钾长石边（项新葵等，2013a）。在蚀变作用先后顺序上，钠长石化略晚于钾长石化，表现为钠长石沿解理和细小裂隙呈不规则状交代钾长石［图 3.6（d）］，而形成条纹长石。少量的绿泥石化作为成矿后的蚀变，主要表现为黑云母被绿泥石交代，并形成由微晶叶片状的绿泥石组成的集合体，集合体中的黑云母仍保留原有的轮廓，只是边缘变得模糊且不整齐，岩石呈淡绿色或花斑状。

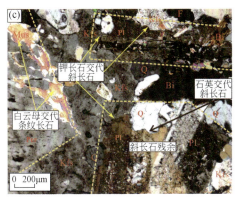

图 3.6 石门寺矿区燕山中期（似）斑状花岗岩中的蚀变现象

（a）强云英岩化，只有少量原生矿物残余，只剩白云母+石英；（b）斜长石绢云母化；（c）斜长石被钾长石交代；（d）钠长石沿裂隙交代钾长石。Q-石英；Mus-白云母；Bi-黑云母；Pl-斜长石；Kfs-钾长石；Per-条纹长石；Ab-钠长石

（2）细粒黑云母花岗岩

石门寺矿区燕山期细粒黑云母花岗岩，主要由石英、钾长石、斜长石和黑云母构成［图 3.7（a）］，相对（似）斑状黑云母花岗岩来说，细粒黑云母花岗岩蚀变的规模和强度都要小得多，集中在细粒黑云母花岗岩的侵入岩滴的顶部，蚀变类型主要为云英岩化，次为绢云母化和绿泥石化等。细粒花岗岩岩滴的顶部多发生不同程度的云英岩化，斜长石和钾长石被石英和白云母交代后形成包围结构，或是白云母镶嵌在斜长石晶体中［图 3.7（b）］；斜长石和钾长石的绢云母化［图 3.7（c）］；此外，黑云母可见绿泥石化［图 3.7（d）］；

（3）斑岩脉

①早期花岗斑岩脉

石门寺矿区花岗斑岩（斑岩脉）有两期，较早一期的形成时间相对（似）

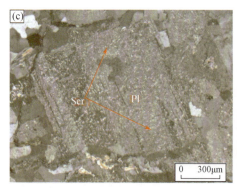 

图 3.7　石门寺矿区燕山中期细粒花岗岩中的蚀变现象

（a）未蚀变的细粒黑云母花岗岩；（b）云英岩化（白云母+石英交代原生斜长石钾长石等矿物）；

（c）钾长石和斜长石的绢云母化；（d）原生黑云母绿泥石化。Q-石英；Pl-斜长石；Bi-黑云
母；Mus-白云母；Ser-绢云母；Chl-绿泥石

斑状黑云母花岗岩稍晚，为 143.1±1.2 ~ 148.2±1.2Ma（Mao et al.，2014；项新
葵等，2015b；叶海敏等，2016）。早一期的花岗斑岩（斑岩脉）蚀变强烈，以
基质强烈的绢英岩化为主，斜长石斑晶被石英交代，石英颗粒包裹在晶体表面
[图 3.8（a）]，花岗斑岩（斑岩脉）的基质完全绢云母英岩化（绢云母+石英），
绢云母呈不规则鳞片状，石英呈颗粒状，形成似斑状结构的假象 [图 3.8（b）]。
蚀变的规模和强度相对细粒黑云母花岗岩更小。

 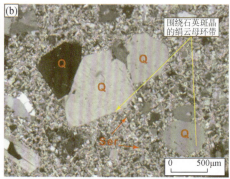

图 3.8　石门寺矿区燕山中期花岗斑岩（斑岩脉）中的蚀变现象

（a）强烈绢英岩化的花岗斑岩（斑岩脉），石英交代斜长石，基质完全结晶质化（绢云母+石英）；

（b）强烈绢英岩化，石英斑晶被绢云母环绕形成绢云母环带。

Q-石英；Pl-斜长石；Kfs-钾长石；Ser-绢云母

②晚期斑岩脉

石门寺较晚一期斑岩，形成时代约为 135Ma（项新葵等，2012）。蚀变较早
期明显变弱，特征与大雾塘同期的花岗斑岩（斑岩脉）蚀变特征相似，以基质

弱的绢云母化为主,斑晶沿边缘发生微弱的绢云母化。

2. 围岩蚀变空间分带特征

1) 水平分带特征

石门寺矿区地表以外带蚀变类型为主,中心出露约 $2km^2$ 的燕山期花岗岩,则以内带蚀变类型为特征。因而形成总体蚀变以隐爆角砾岩为中心的硅化,依次向外的钠长石化+云英岩化,钾长石化+云英岩化±硅化,钾长石化+绢云母化±硅化的内带蚀变分带特征,向外则依次为黑云母化+云英岩化,黑云母化+绢云母化±硅化,绢云母化+硅化的主要分带特征。其中,钾交代作用(黑云母化、钾长石化和绢云母化)是矿区分布最广、范围最大的面型蚀变,是成矿前热液蚀变,以燕山期(似)斑状花岗岩顶部凸起为中心,呈同心圆状,面型分布,最外带则为弱钾交代(绢云母化);向中心蚀变增强,并且在中心(筒中心或岩体凸起中心,或矿化中心),叠加成矿期的云英岩化,矿化强弱与云英岩化强弱呈正相关,矿化必定在云英岩化中。

细脉浸染型矿体中围岩云英岩化一般沿细脉两侧呈对称发育,且蚀变较强,宽度不一,小至几毫米,宽达 1～2cm 均有。当石英细脉和微脉叠加时,云英岩化作用更强,云英岩化带厚度可达 6～8cm,宽者达 20cm。石英大脉型矿体两侧,蚀变呈对称发育,蚀变宽度不一,几厘米至几十厘米,且在同一岩石单元中,蚀变宽度与石英脉幅呈正相关,越靠近脉壁,蚀变作用越强。从石英脉壁至围岩,依次发育云英岩化带、富云母云英岩化带、正常云英岩化带和富石英云英岩带,脉内的钨或钼矿化也往往较强。

此外,钠长石化和绿泥石化也有发育,但蚀变强度相对较弱。当围岩为(似)斑状黑云母花岗岩时,出现钠长石化与云英岩化相互叠加作用,形成自形程度高且晶体颗粒较粗大的钠长石镶嵌在云英岩中的现象。

热液隐爆角砾岩型矿体中,蚀变以云英岩化和钾长石化为主,且蚀变作用强烈,其次还有萤石化、电气石化等蚀变。热液隐爆角砾岩体边缘云英岩化作用十分强烈,使原岩的矿物成分及结构构造特征全部消失,并形成长度为几十米、宽度为十余米且深度为几十米的富石英云英岩体。钾长石化主要表现为长英质填充于胶结物中,粉红色钾长石围绕在(似)斑状黑云母花岗岩及黑云母花岗闪长岩的角砾边缘,若角砾较小,其周围可形成钾长石的环带构造。

2) 垂直分带矿物组合特征

石门寺矿区围岩蚀变在垂直方向上总体上可分为以下三个蚀变带。

(1) 外带:黑云母化+绢云母化+云英岩化±绿泥石化及少量的绿帘石化,偶见萤石化和碳酸盐化;

(2) 内带:钾长石化+云英岩化±绢云母化±绿泥石化及少量的绿帘石化,偶

见萤石化和碳酸盐化;

（3）（似）斑状花岗岩岩体内部：绢云母化±钾长石化。

3.2.2　大雾塘矿区

1. 蚀变类型及蚀变特征

大雾塘矿区热液蚀变类型与石门寺类似，主要有黑云母化、钾长石化、钠长石化、绢云母化、绢英岩化、云英岩化和硅化，以及少量的碳酸盐化和绿泥石化等。但蚀变的垂直空间位置相对石门寺矿区低，（似）斑状黑云母花岗岩覆盖在地表下，因此矿化集中区域相对石门寺埋藏较深，外带的厚度相对石门寺较厚，保留了（似）斑状黑云母花岗岩顶部较厚的蚀变黑云母花岗闪长岩体。在地表矿化较弱的区域，出现大量近水平的石英大脉，显示了成矿流体演化到晚期，由于成矿物质消耗和温度下降，流体聚集中心垂直方向上压力下降，而出现上覆岩石下沉，形成大量的近水平的张裂隙，后被热液充填形成石英脉（图3.9）。

图 3.9　大雾塘矿区地表近水平张性裂隙形成的石英脉（海拔 1610m）

同时大雾塘热液聚集中心（隐爆角砾岩）在较深部，隐爆角砾岩顶部海拔标高为 1340m，而石门寺矿区隐爆角砾岩已露出地表且被剥蚀，地表最高处海拔约 1272m，加上剥蚀部分，两地热液聚集中心顶部标高应该相近。对两地的地表标高，大雾塘远高于石门寺矿区，因此大雾塘矿区的外带保留厚度远大于石门寺矿区，大雾塘矿区保留了热液中心顶部外带更多的蚀变信息。

1）外带新元古代（晋宁期）黑云母花岗闪长岩蚀变类型及特征

大雾塘矿区内新元古代（晋宁期）黑云母花岗闪长岩蚀变特征与石门寺相似。外带黑云母花岗闪长岩发生了以黑云母化、云英岩化、绢英岩化和硅化为主的蚀变。其中黑云母化主要表现为粗粒板状的黑云母被交代蚀变，并形成细小且呈鳞片状的黑云母集合体［图3.10（a）、（b）］；蚀变成因的黑云母被白云母交代蚀变［图3.10（c）］；云英岩化主要表现为黑云母、斜长石被石英和白云母交代［图 3.10（a）、（c）、（d）］，斜长石可发生绢云母化后叠加云英岩化（白云母±石英）［图 3.10（c）］，也可见钾长石绢英岩化后叠加云英岩化［图 3.10（d）］，黑云母花岗闪长岩云英岩化强烈时，完全白云母化和石英化形成云英岩［图 3.10（e）］。硅化表现在石英交代的所有矿物（原生和次生），尤其是强烈交代白云母［图 3.10（f）］。

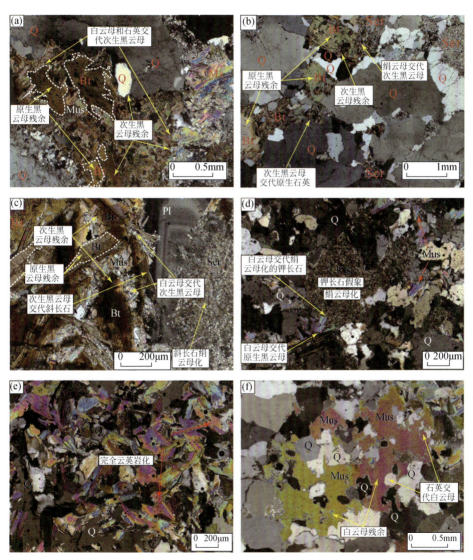

图 3.10　大湖塘矿区外带黑云母花岗闪长岩的蚀变特征

（a）原生黑云母的黑云母化+云英岩化；（b）原生石英被黑云母交代；（c）绢云母化（斜长石绢云母化）+云英岩化；（d）绢英岩化（钾长石绢云母化）+云英岩化；（e）完全云英岩化；（f）硅化（石英交代白云母）。Q-石英；Bi-黑云母；Pl-斜长石；Mus-白云母；Ser-绢云母；Kfs-钾长石

2）内带燕山期围岩蚀变类型及特征

（1）（似）斑状花岗岩

大雾塘矿区的内带燕山期（似）斑状花岗岩的蚀变主要为早期的钾长石化及钠长石化（碱性蚀变）和绢云母化，以及叠加的云英岩化（酸性蚀变）和硅化。其中，云英岩化表现在斜长石或钾长石被白云母交代后，白云母呈不规则状充填于长石和黑云母的解理、裂隙和矿物粒间间隙［图3.11（a）］，内带燕山期（似）斑状黑云母花岗岩云英岩化相对于外带较弱，而绢云母化则强烈［图3.11（b）］。（似）斑状花岗岩云英岩化特征与晋宁期花岗闪长岩云英岩化特征相似，但相对后者前者的岩石颜色更浅，石英及浅色云母含量增加。

钾长石化主要表现为斜长石被钾长石交代［图3.11（c）］，钾长石沿斜长石边缘进行交代时，可在白色斜长石斑晶边缘形成一圈粉红色的钾长石边（项新葵等，2013a）。在蚀变作用先后顺序上，钠长石化略晚于钾长石化，表现为钠长石沿解理和细小裂隙呈不规则状交代钾长石［图3.11（d）］，而形成条纹长石。少

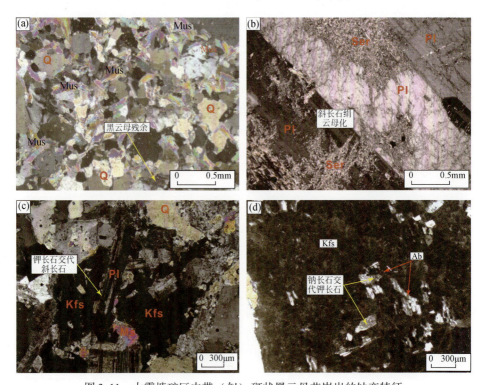

图3.11　大雾塘矿区内带（似）斑状黑云母花岗岩的蚀变特征

（a）原生黑云母的黑云母化+云英岩化；（b）原生石英被黑云母交代；（c）绢云母化（斜长石绢云母化）+云英岩化；（d）绢英岩化（钾长石绢云母化）+云英岩化。Q-石英；Pl-斜长石；Mus-白云母；Ser-绢云母；Kfs-钾长石；Ab-钠长石

量的绿泥石化作为成矿后的蚀变，主要表现为黑云母被绿泥石交代，并形成由微晶叶片状绿泥石组成的集合体，集合体中的黑云母仍保留原有的轮廓，只是边缘变得模糊且不整齐，岩石呈淡绿色或花斑状。

（2）细粒黑云母花岗岩

大雾塘矿区燕山期细粒黑云母花岗岩，主要由石英、钾长石、斜长石和黑云母构成［图 3.12（a）］，与石门寺类似，细粒黑云母花岗岩蚀变的规模和强度都要小得多，集中在细粒黑云母花岗岩的侵入岩滴的顶部。蚀变类型主要为酸性蚀变，即云英岩化，次为绢云母化和绿泥石化等。细粒花岗岩岩滴的顶部云英岩化最强，向岩体内部逐渐降低。云英岩化主要表现为，斜长石和钾长石被石英和白云母交代后形成包围结构，或是白云母镶嵌在斜长石晶体中（图 3.12）；斜长石和钾长石的绢云母化现象明显［图 3.12（b）］。

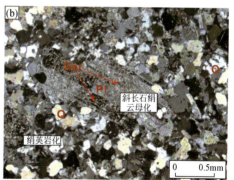

图 3.12　大雾塘矿区内带细粒黑云母花岗岩的蚀变特征
（a）细粒黑云母花岗岩；（b）绢云母化的细粒黑云母花岗岩。Q-石英；Bi-黑云母；Pl-斜长石；
Mus-白云母；Ser-绢云母

（3）花岗斑岩（斑岩脉）

大雾塘矿区花岗斑岩（斑岩脉）为较晚一期，较细粒黑云母花岗岩更晚。蚀变强度与石门寺较晚一期的花岗斑岩（斑岩脉）相似，以基质较弱绢云母化为主［图 3.13（a）］，斑晶为弱蚀变，其中斜长石斑晶被绢云母交代［图 3.13（b）］。

2. 蚀变分带特征

1）水平分带特征

大雾塘矿区的水平分带，有以下特征：面型蚀变以黑云母化、钾长石化、云英岩化和绢母云化为主；线型蚀变则以石英大脉两侧硅化为主等。矿体集中区面型蚀变与线型蚀变相互叠加的现象普遍存在。总体的蚀变类型和分带特征与石门寺相似，但水平蚀变由于燕山期（似）斑状黑云母花岗岩未出露地表，隐

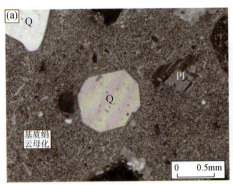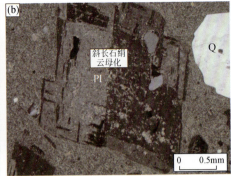

图 3.13　大雾塘矿区花岗斑岩（斑岩脉）蚀变特征

（a）花岗斑岩（斑岩脉）基质绢云母化；（b）花岗斑岩（斑岩脉）斜长石斑晶绢云母化。

Pl 斜长石，Q 石英

伏在接近地表的浅部。没有像石门寺那样相对集中地绕一个（似）斑状黑云母花岗岩露头中的隐爆角砾岩向外的水平分带特征，以石英大脉为中心两侧数十厘米的蚀变带，依次向外为黑云母化+云英岩化±钾长石化带，绢云母化+绢英岩化带。

　　围绕石英大脉或者是热液中心（隐爆角砾岩）两侧形成的线型蚀变以石英脉为中心，两侧围岩中蚀变对称发育，蚀变带宽度与石英脉宽度成正比，通常几厘米到几十厘米。两侧围岩向外分别发育云英岩带、富云母云英岩化带、云英岩化带、富石英云英岩化带，云英岩化强度向外逐渐减弱（图 3.14）。此类蚀变如是在外带黑云母花岗闪长岩中，则是叠加在早期的黑云母化和绢云母化之上的蚀

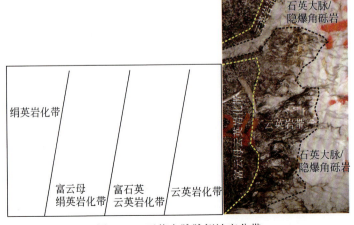

图 3.14　石英大脉脉侧蚀变分带

变,蚀变越弱的云英岩化,残留的早期蚀变越明显。而产在内带(似)斑状黑云母花岗岩中,则叠加在早期的钾长石化和绢云母化之上,同样蚀变越弱的云英岩化,残留的早期蚀变越明显。

大雾塘矿区内发育的蚀变种类多样,且有多个期次,不同类型的蚀变之间相互有叠加,因此很难划出理想单一的蚀变分带。

2)垂直分带特征

大雾塘矿区围岩蚀变在垂直方向上总体上可分为以下三个蚀变带。

(1)外带:早期碱性蚀变(黑云母化+绢云母化±钾长石)+酸性蚀变(云英岩化+绢英岩化+硅化±绿泥石化),以及少量的绿帘石化,偶见萤石化和碳酸盐化;

(2)内带:早期碱性蚀变(钾长石+绢云母化±钠长石化)+酸性蚀变(云英岩化+绢英岩化+硅化+绿泥石化),偶见萤石化;

(3)(似)斑状花岗岩岩体内部:绢云母化±钠长石化。

3.2.3　狮尾洞矿区

1. 蚀变类型及蚀变特征

狮尾洞矿区热液蚀变类型与大雾塘矿区类似,主要有黑云母化、钾长石化、钠长石化、绢云母化、绢英岩化、云英岩化和硅化,以及少量的碳酸盐化和绿泥石化等。但蚀变的垂直空间位置相对大雾塘矿区低,(似)斑状黑云母花岗岩埋藏在地表以下更深部位,浅部矿体相对密集(石英大脉间距十几米到数十米),形成石英大脉型群,以及两侧几米到十几米厚的强蚀变带(云英岩化带),即矿体,矿体品位高,但向石英脉两侧随着蚀变强度的急剧降低,矿体厚度为几米到十几米,很少有数十米宽度的延伸。热液富集中心相对石门寺和大雾塘都要埋藏更深,因此外带的厚度相对大雾塘更厚。外带可以分成两个次级蚀变带:①相对侵入接触面较远的,以绢云母化蚀变为主的黑云母花岗闪长岩叠加了绢英岩化和云英岩化的远外带;②与石门寺和大雾塘相同的近接触界面的近外带。

通过对狮尾洞矿区地质调查,认为矿区的成因及形态受控于矿区 NE—NNE 向的断裂密集带,断裂带具脆性剪切破碎特征,其中晋宁期黑云母花岗岩原生石英晶体具有明显的脆性破碎裂纹,可能是成矿前区域构造活动形成的。断裂密集带为矿区最重要的导矿构造及控矿构造。钨矿主要以白钨矿和黑钨矿赋存于晋宁期和燕山期岩体接触带外侧(晋宁期岩体内),成矿前形成断裂带中充填的石英大脉型矿体,石英大脉的两侧蚀变分带明显。因此狮尾洞矿区浅部围岩蚀变以线型蚀变为主,沿石英大脉两侧分布。矿区南部的双桥山群变质杂砂岩,以强烈的角岩化和硅化为主,其形成与晋宁期侵入作用有关,成矿前形成的这种渗透性较差的硅质壳，对成矿流体起到阻隔和圈闭效果，因此造成矿化蚀变相对晋宁期岩体内矿化蚀变急剧减弱的现象。

1）外带新元古代（晋宁期）黑云母花岗闪长岩蚀变类型及特征

狮尾洞矿区内新元古代（晋宁期）黑云母花岗闪长岩蚀变特征与石门寺和大雾塘相似。外带碱性蚀变相对石门寺和大雾塘要弱，特别是黑云母化强度相对要弱［图3.15（a）~（c）］，而绢英岩化相对强些［图3.15（d）］，形成大范围的蚀变，云英岩化相对较弱，集中在石英大脉两侧几厘米到数十厘米宽。酸性蚀变则以云英岩化和硅化为主。矿区的蚀变受早期形成脆性剪切作用形成的断裂带影响，因而可以看到很多原生石英晶体的碎裂现象［图3.15（a）、（c）］，是狮尾洞矿区较为独特的特征。

图 3.15　狮尾洞矿区外带黑云母花岗闪长岩的蚀变特征

（a）钾长石和斜长石的绢云母化；（b）黑云母化+绢云母化；（c）黑云母化+绢英岩化；
（d）强绢英岩化。Q-石英；Bi-黑云母；Mus-白云母；Pl-斜长石；Kfs-钾长石；Ser-绢云母

2）内带燕山期围岩蚀变类型及特征

（1）（似）斑状花岗岩

狮尾洞矿区的内带燕山期（似）斑状花岗岩的蚀变与大雾塘和石门寺相似，主要以早期的钾长石化（碱性蚀变）和绢云母化为主，叠加绢英岩化、云英岩

化（酸性蚀变）和硅化。其中，云英岩化表现在黑云母被白云母交代后，白云母呈不规则状充填于黑云母的解理、裂隙和矿物粒间间隙［图 3.16（a）］。钾长石化主要表现为斜长石被钾长石交代［图 3.16（c）］，钾长石沿斜长石边缘进行交代。绢云母化主要表现在绢云母交代斜长石和钾长石［图 3.16（b）、（d）］。

图 3.16　狮尾洞矿区内带（似）斑状黑云母花岗岩的蚀变特征

（a）云英岩化（黑云母被白云母交代）；（b）绢云母化（斜长石绢云母化）；（c）钾长石交代斜长石；（d）绢英岩化（钾长石绢云母化）。Q-石英；Mus-白云母；Kfs-钾长石；Pl-斜长石；Ser-绢云母

（2）花岗斑岩（斑岩脉）

狮尾洞矿区花岗斑岩（斑岩脉），与大雾塘和狮尾洞相似，为较晚期斑岩，形成时代为 134.6±1.2Ma（黄兰椿和蒋少涌，2012）。蚀变特征与大雾塘花岗斑岩（斑岩脉）蚀变特征类似，以基质弱的绢云母化为主，斑晶沿边缘发生微弱的绢云母化，以及更晚期的硅化，即石英细脉切穿斜长石斑晶。

2. 蚀变分带特征

1）水平分带特征

狮尾洞矿区的水平分带，有以下特征：面型蚀变，以黑云母化和绢英岩化为主；线型蚀变则以岩石英大脉两侧云英岩化为主。总体的蚀变类型与大雾塘和石门寺相似。但水平蚀变由于燕山期（似）斑状黑云母花岗岩埋藏较大雾塘更深，且晋宁期岩体中脆性断裂带极其发育，热液没有像石门寺和大雾塘相对集中，脆性断裂带提供了良好的流体赋存空间，加上上覆双桥山群的封盖效应，因而狮尾洞的蚀变和矿化相对以外带为主。

2）垂直分带特征

狮尾洞矿区围岩蚀变在垂直方向上总体上可分为以下三个蚀变带。

（1）远外带：早期碱性蚀变（绢云母化±黑云母化±钾长石）+酸性蚀变（绢英岩化+硅化±云英岩化），以及少量的绿泥石化，偶见泥化和碳酸盐化；

（2）近外带：早期碱性蚀变（黑云母化+绢云母化±钾长石）+酸性蚀变（云英岩化+绢英岩化+硅化±绿泥石化），以及少量的绿帘石化，偶见萤石化和碳酸盐化；

（3）内带：早期碱性蚀变（钾长石+绢云母化±钠长石化）+酸性蚀变（云英岩化+绢英岩化+硅化±绿泥石化），偶见萤石化。

3.2.4　昆山矿区

1. 蚀变类型及蚀变特征

昆山矿区热液蚀变类型相对前三个矿区要简单，以酸性蚀变为主，碱性蚀变不明显。蚀变类型为绢云母化、绢英岩化、云英岩化和硅化，以及少量的绿泥石化等。蚀变矿化垂直空间形态特征较前三个矿区差异大，石门寺、大雾塘和狮尾洞矿区都是由深到浅，依次为（似）斑状黑云母花岗岩+晋宁期黑云母花岗闪长岩+新元古界双桥山群浅变质岩，时空组合特征，这种组合是形成大型超大型钨多金属矿的关键。只是由于隆起和剥蚀的差异，这种组合埋藏深度有所不同，即在地表以下不同深度处。昆山矿区矿化中心则是燕山期（似）斑状花岗岩以岩枝（脉）的形式直接侵入双桥山群浅变质岩系（变余粉砂岩），形成燕山期+双桥山群空间组合的内外接触带。

内带为燕山期（似）斑状黑云母花岗岩，岩枝顶部云英岩化强烈，浸染状、细脉状矿化为主形成厚约160m的矿化蚀变带，矿化带内以云英岩化和绢云母化蚀变为主。

外带则为变余粉砂岩，以云英岩化和绢英岩化为主，次为硅化。其中近外接触带（较深部），则以强云英岩化变余粉砂岩、浸染状矿化为主，且形成矿化厚约100m的矿化蚀变带，与内带矿体相连。而外带的远外带（浅部）矿体以相对密集（石英细脉，脉宽0.2~40cm，频率6~8条/m），形成石英网脉群［图3.17（a）］，脉间较强蚀变带（以绢英岩化和硅化为主）。

内外接触带和远外带，零星分布高品位黑钨矿、辉钼矿和黄铜矿的石英大脉矿体［图 3.17（b）~（d）］，石英脉带型矿体是昆山矿区主要的矿体类型。

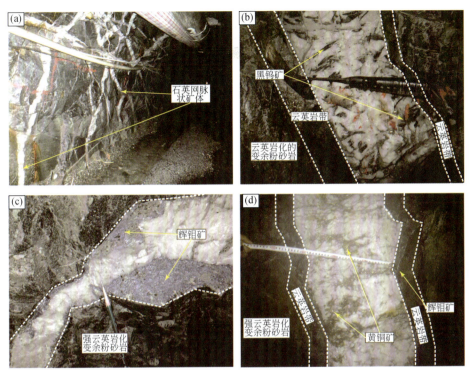

图 3.17　昆山矿区矿体与蚀变特征

1）外带蚀变类型及特征

（1）新元古界双桥山群变余粉砂岩

昆山矿区外接触带的双桥山群变余粉砂岩，蚀变类型主要有云英岩化、绢英岩化和硅化，近外带蚀变强烈，以云英岩化或绢英岩化为主，且肉眼可见浸染状矿化［图 3.18（a）］，远外带则以绢英岩化和硅化为主，强烈者形成硅化

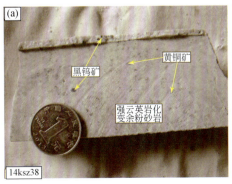
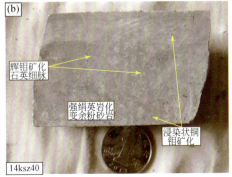

图 3.18　昆山矿区外带双桥山群变余粉砂岩蚀变特征

（a）云英岩化的变余粉砂岩；（b）绢英岩化的变余粉砂岩；（c）云英岩化（白云母交代钾长石和基质）；（d）绢英岩化（绢云母交代基质和石英等碎屑矿物）。Q-石英；Bi-黑云母；Kfs-钾长石；Mus-白云母；Ser-绢云母

带［图 3.18（b）］。云英岩化蚀变以白云母化为明显特征，蚀变先从基质开始形成白云母，然后交代粉砂岩中的长石和黑云母［图 3.18（c）、（d）］。

　　强烈的云英岩化和绢英岩化分布在石英脉带中，其中云英岩化集中在石英脉的两侧，几厘米到数十厘米，而绢英岩化在云英岩化的外侧数十厘米到数米。总体特征以线型蚀变为主。

　　（2）新元古代（晋宁期）含巨斑黑云母花岗闪长岩

　　昆山矿区外带新元古代（晋宁期）黑云母花岗闪长岩以其含长石巨斑为显著特征，其蚀变类型较为单一，同样缺失强碱交代蚀变，以酸性蚀变云英岩化和硅化为主，以及少量的绿泥石化和绢云母化。其总体蚀变特征与远外带的变余粉砂岩类似，以石英大脉两侧线型蚀变带为其特征。花岗闪长岩中的石英大脉两侧蚀变强烈，常形成数厘米到十几厘米宽的云英岩带［图 3.19（a）］，向外形成数十厘米乃至几十厘米的硅化带。云英岩化蚀变矿物以白云母和石英交代钾长石等原生矿物［图 3.19（a）］为特征，硅化则是以石英交代斜长石等原生矿物为其

图 3.19 昆山矿区外带晋宁期含巨斑黑云母花岗闪长岩蚀变特征

（a）石英大脉铜矿矿体的上盘强云英岩的晋宁期含巨斑黑云母花岗闪长岩；（b）极为弱蚀变的含巨斑黑云母花岗闪长岩；（c）云英岩化；（d）硅化。Q-石英；Kfs-钾长石；Mus-白云母；Ser-绢云母

主要特征［图 3.19（b）］。

2）内带燕山期围岩蚀变类型及特征

（1）（似）斑状花岗岩

昆山矿区内带燕山期（似）斑状花岗岩的蚀变主要为云英岩化（酸性蚀变）和硅化。其中，云英岩化表现在黑云母、斜长石和钾长石被白云母交代，白云母呈不规则状充填于长石和黑云母的解理、裂隙和矿物粒间间隙，云英岩化强烈者，形成浸染状的钨钼矿化云英岩［图 3.20（a）、（c）］。硅化则以石英交代黑云母和长石等原生矿物为其主要特征［图 3.20（b）、（d）］，同时伴随着大量硫化物沉淀析出堆积成矿。蚀变规模仅限于岩体的顶部，形成云英岩化的厚矿体。

（2）花岗斑岩（斑岩脉）

昆山矿区花岗斑岩（斑岩脉），与大雾塘和狮尾洞相似，为较晚一期斑岩，形成时代为 136±2.5Ma（张明玉等，2016）。以基质弱的绢云母化为主，斑晶沿边缘发生微弱的绢云母化［图 3.21（a）］，以及更晚期的硅化，即石英细脉切穿

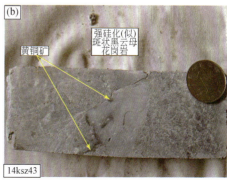

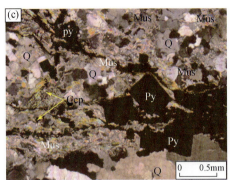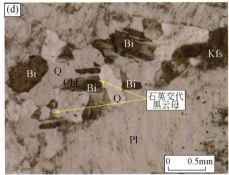

图 3.20　昆山矿区内带（似）斑状黑云母花岗岩的蚀变特征

（a）钨钼矿化的云英岩；（b）硅化的花岗闪长岩；（c）云英岩化（黄铜和黄铁矿矿化的石英细脉）；
（d）硅化（石英交代黑云母、斜长石和钾长石）。Q-石英；Bi-黑云母；Pl-斜长石；
Kfs-钾长石；Mus-白云母；Ccp-黄铜矿；Py-黄铁矿；Chl-绿泥石

斜长石斑晶［图3.21（b）］。

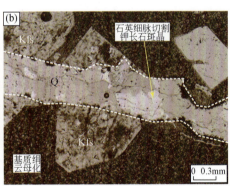

图 3.21　昆山矿区花岗斑岩（斑岩脉）蚀变特征

（a）花岗斑岩（斑岩脉）基质绢云母化；（b）花岗斑岩（斑岩脉）斜长石斑晶绢云母化。
Q-石英；Pl-斜长石；Kfs-钾长石

2. 蚀变分带特征

1）水平分带特征

昆山矿区的水平分带，以线型为主要特征，即石英脉控制的云英岩化和绢英岩化，以及深部燕山期岩体顶部中心的云英岩化，边缘硅化的蚀变分带特征。

形成总体的石英脉带的绢英岩化带和两侧硅化带的分带特征，与狮尾洞矿区的水平分带特征相似，但也有差异，相似的是线型组合成面型蚀变带，不同的是缺失了碱性蚀变，而没有形成酸碱叠加蚀变的特征。

2）垂直分带特征

昆山矿区围岩蚀变在垂直方向上总体上可分为以下三个蚀变带。

（1）远外带：双桥山群的变余粉砂岩，以酸性蚀变（绢英岩化+硅化±云英岩化）为主，以及少量的绿泥石化，偶见泥化和碳酸盐化；晋宁期含斑黑云母花岗岩，则以石英脉侧的绢英岩化和硅化为主。

（2）近外带：酸性蚀变（云英岩化+绢英岩化+硅化±绿泥石化），以及少量的绿帘石化，偶见萤石化和碳酸盐化。

（3）内带：酸性蚀变（云英岩化+绢英岩化+硅化±绿泥石化），偶见萤石化。

3.2.5 矿田蚀变空间分带特征

热液蚀变分带现象记录了热液流体的演化信息，尤其是矿集区中心部位热液蚀变强烈，蚀变叠加现象极其普遍。石门寺、大雾塘（一矿带）、狮尾洞三个典型矿区均以面状复合型蚀变为主，线状单一型蚀变为辅，并具明显的早、晚两期叠加的热液交代作用特征；昆山（杨狮殿）矿区以线状单一型蚀变为主，只有晚期热液充填交代作用特征。

平面上矿集中心区（石门寺、大雾塘、狮尾洞）大致以一矿带为中心，向外（石门寺和狮尾洞）依次为（黑鳞云母化+绢云母化±钾长石化）+云英岩化+硅化→（黑鳞云母化+绢云母化±钾长石化）+绢英岩化（弱云英岩化）+硅化→绢云母化±绿泥石化。单个石英大脉型矿体围岩蚀变分带亦是以含矿石英脉为中心，向两侧依次为富云母云英岩化带→云英岩化带→硅化（富石英云英岩化）带（图 3.18）。细脉浸染型矿体围岩蚀变分带同样是以含矿细脉为中心，两侧围岩发育云英岩化带，且云英岩化强度逐渐减弱；矿集中心区以南的昆山矿区则不存在早期面型碱性蚀变，成矿期蚀变主要为线型酸性蚀变，受石英细脉控制脉侧出现数十厘米宽的云英岩化带→数米宽的硅化带，并组合成产状陡立的面型蚀变带。

垂向上（对钻孔岩心编录、采样分析资料综合整理）典型矿区中心部位大致以燕山晚期中粗粒（包括中粒或中细粒）花岗岩（包括黑云母或白云母花岗岩）顶面为界，向外或向上经过燕山早期斑状花岗岩（包括斑状黑云母花岗岩或二云母花岗岩）→晋宁期黑云母花岗闪长岩→新元古界双桥山群浅变质岩系，依次出现钠长石化→钾长石化±绢云母化→钾长石化±绢云母化+弱云英岩化→钾长石化±绢云母化+强云英岩化（多见于槽头港 ZK9-1 孔 1000~400m 标高）→黑鳞云母化+绢云母化±钾长石化→（黑鳞云母化+绢云母化±钾长石化）+云英岩化±硅化（石门寺和一矿带）→绢云母化+云英岩化±硅化（狮尾洞）→硅化±云英岩化+绢云母化（昆山），在此变化过程中，依次出现的 Na 交代和 K 交代以及贯穿式的绢云母化或云英岩化蚀变，是其重要的热液蚀变特征（图 3.22）；向内或向下多为具有原生矿化、多种岩相组合的中粗粒（包括中粒或中细粒）花岗岩（包括黑云母花岗岩或白云母花岗岩），局部形成自变质云英岩型钨锡矿体（一矿带、东陡崖矿段）。

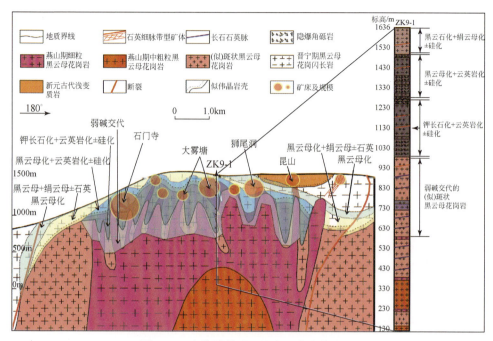

图 3.22　大湖塘钨矿田蚀变垂直分带特征

第4章 蚀变作用元素迁移地球化学特征

4.1 元素迁移量计算原理和方法

蚀变作用过程中，岩石的总质量会受到蚀变的影响而发生变化，因此，仅对蚀变岩石和未蚀变岩石的相关主、微量元素质量分数变化做简要的对比分析，单纯对比蚀变和未蚀变岩中同一组分的质量分数变化并不能真正反映某一组分的实际迁移规律（Ague and van Haren，1996）。为了能够准确限定蚀变后所迁移的化学组分种类及这些化学组分的迁移程度，就必须消除蚀变前后总质量变化带来的干扰，过去 50 年学者开发了各种元素迁移量的计算方法（Gresens，1967；Grant，1986；Brimhall and Dietrich，1987；Potdevin and Marquer，1987；Potdevin，1993；Ague，1994；Baumgartner and Olsen，1995；Ague and van Haren，1996；Sturm，2003；Grant，2005；Coelho，2006；López-Moro，2012）。

Gresens（1967）最早提出的成分–体积法，是计算热液交代蚀变岩石中元素迁移量的最基础模型（图4.1），后人都是在这个基础上尽可能地完善。

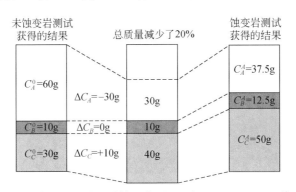

图 4.1　元素质量迁移量计算基本原理（据 Gresens，1967 修改）

随后 Grant（1986）对其方法进行了修改，提出了一种新的图解法——等浓度图法。它以蚀变岩为纵坐标，原岩为横坐标。将岩石中各组分含量投到坐标系中可拟合出一条通过原点的直线，该直线即为等浓度线。各个组分相对于该等浓度线的问题表明了在交代蚀变过程中该组分的浓度得失情况，当该组分落于等浓度线上则表示该组分在蚀变过程中没有得或失。等浓度线的斜率代表蚀变过程中质量的变化。每个数据投点对等浓度线的方差定义为该点代表的组分的浓度变化。其详细推导过程如下：

$$\Delta X = a\left[f_v\left(g_B/g_A\right)\right]C^A - C^0 \qquad (4.1)$$

最初由 Gresens 提出式（4.1），其中，ΔX 为组分 X 的质量变化；a 为初始质量，当单位为百分质量时为 100g，当单位为 $\mu g/g$ 时为 1t；f_v 为蚀变岩石与新鲜岩石的体积之比；g_B/g_A 为蚀变岩石与新鲜岩石的密度之比；C^A 为蚀变岩石中 X 元素的浓度；C^0 为新鲜岩石中 X 元素的浓度。由于在现实工作当中，f_v 的值是很难获得的，因此，最终也就很难得出元素迁移量 ΔX 的值。

正是由于这个公式在实际运用中具有局限性，Grant（1986）对其进行了改进，将式（4.1）转换成了式（4.2）：

$$\Delta C_i = C_i^A \cdot \left(M^0/M^A\right) - C_i^0 \qquad (4.2)$$

式中，C_i^0 为新鲜岩石中的岩石组分 i 的质量分数；C_i^A 为蚀变岩石的岩石组分 i 的质量分数；M^0 为新鲜岩石中不迁移组分（元素）的质量；M^A 为蚀变岩石中不迁移组分（元素）的质量，通常定义 $M^0/M^A = k$，为某一样品中不迁移组分（元素）求得的常数；ΔC_i 为组分 i 的质量分数变化量。

对于任意获得一对样品（新鲜无蚀变和蚀变的样品），可以先确定不迁移组分（元素），再通过式（4.2）计算任意迁移组分的绝对迁移量，具体步骤如下：

在蚀变过程中，有些组分（元素）基本没有发生迁移，相对稳定，如图 4.1 中的 B 组分（元素），对于这类组分（元素）来说，可以认为 $\Delta C_i = \Delta C_B = 0$，由此式（4.2）可简化为

$$C_i^A \cdot \left(M^0/M^A\right) = C_i^0 \text{ 即 }\left(10 \div 12.5\right) \times 12.5 = 10 \qquad (4.3)$$

同时可以确定

$$M^0/M^A = k = 10 \div 12.5 \qquad (4.4)$$

此时，对于同一对样品来说，k 为一求得的常数，即为稳定组分（不迁移元素）在蚀变岩与未蚀变岩中的含量的比值。将式（4.4）中 $M^0/M^A = k$ 的值代入式（4.2），此时 C_i^0 和 C_i^A 都是已知的测试获得数值，可求得任一组分（元素）的绝对迁移量即 ΔC_i 的值，比如图 4.1 中 A 组分的绝对迁移量：

$$\Delta C_i = C_i^A \cdot k - C_i^0 \text{ 即 } \Delta C_A = 37.5 \times \left(10 \div 12.5\right) - 60 = -30$$

根据上述步骤可以计算出任意迁移组分（元素）的绝对迁移量。

López-Moro（2012）通过对过去人们在综合 Gresens（1967）和 Grant（1986，2005）等的计算方法的基础上开发各种电脑计算程序的改进后，开发了能在 excel 上运行的易操作且准确输出各种计算结果和图形之类的程序，是一个比较方便且实用的计算程序。Durand 等（2015）通过对比其中最经典的四种计算方法，如 Grant（1986）的图形-等浓度图法、Potdevin 和 Marquer（1987）的标准化图形-等浓度图的 Gresens 法、Baumgartner 和 Olsen（1995）的统计等浓度图法、Ague 和 van Haren（1996）的统计引导方法，并分析这四种方法的优劣性和实用性，其中图形类方法相对直观简便，而统计类方法相对精确和准确，但相

对烦琐。不管是何种方法，关键在于未蚀变或弱蚀变样品（unaltered sample）的确定，这是整个迁移计算的基础（图），然后是稳定元素（非迁移元素）的确定。由于热液蚀变过程中酸碱度不一样，元素的稳定性不一样，因而准确的标准迁移 ΔC_i 的计算是整个计算原理的目标。可以计算出大湖塘钨矿田内带不同蚀变类型的元素迁移量（表4.1），外带不同蚀变类型的元素迁移量（表4.2）。

表 4.1　大湖塘钨矿田内带燕山期（似）斑状黑云母花岗岩不同蚀变类型元素迁移量计算结果

蚀变类型及样品数量	钾长石化（3 个）平均值	ΔC_i	钠长石化（4 个）平均值	ΔC_i	绢云母化（6 个）平均值	ΔC_i	绢英岩化（9 个）平均值	ΔC_i	云英岩化（3 个）平均值	ΔC_i
SiO_2	59.08	−14.32	64.25	−12.04	71.95	−0.19	73.42	0.77	78.00	8.02
TiO_2	0.16	0.03	0.26	0.11	0.27	0.17	0.10	−0.04	0.13	0.00
Al_2O_3	21.95	7.48	19.33	4.04	14.14	0.06	14.21	0.00	11.15	−2.68
Fe_2O_3	2.18	1.70	0.55	0.07	0.58	0.13	0.44	0.00	0.47	0.03
MnO	0.20	0.12	0.06	−0.01	0.05	−0.03	0.08	0.01	0.05	−0.02
MgO	1.23	0.95	0.46	0.17	0.41	0.19	0.19	−0.08	0.28	0.02
CaO	0.90	0.16	1.42	0.61	1.01	0.34	0.60	−0.13	0.76	0.06
Na_2O	1.75	−2.07	6.37	2.22	1.55	−2.19	3.87	0.08	2.42	−1.29
K_2O	7.06	2.52	3.00	−1.63	5.12	0.65	3.84	−0.62	3.37	−0.97
P_2O_5	0.44	0.24	0.74	0.50	0.28	0.06	0.26	0.06	0.16	−0.04
Cs	1761.80	1632.98	523.25	384.84	176.50	0.00	178.29	68.90	302.33	203.46
Li	875.60	630.57	1773.50	1440.52	491.83	140.95	393.80	158.88	565.67	350.34
Rb	1059.20	607.17	648.50	172.35	599.83	71.60	648.40	208.86	425.33	0.00
Ba	163.20	67.57	163.83	60.97	323.83	240.26	82.68	−11.05	105.67	15.58
Sr	39.64	3.46	224.25	176.17	83.43	52.09	33.58	−2.12	35.23	0.74
Pb	14.98	−12.29	15.48	−12.48	35.07	9.68	18.52	−8.56	19.49	−6.92
Cr	5.45	−3.44	5.23	−3.89	8.43	−0.69	5.80	−3.02	6.50	−2.09
Ni	4.48	0.99	2.75	−0.85	4.25	0.56	2.83	−0.61	3.43	0.11
V	15.11	6.20	14.63	5.08	17.22	9.49	7.69	−1.04	10.26	1.88
Sc	4.21	1.44	2.89	0.00	2.25	−0.32	1.89	−0.84	2.44	−0.21
Ga	46.26	20.51	28.73	1.90	29.97	4.80	27.07	1.86	19.77	−4.78
Zn	195.46	129.18	114.70	44.25	133.05	73.35	108.98	44.99	114.90	54.85
Bi	37.41	32.98	6.67	2.27	40.61	36.27	13.04	9.03	12.83	9.26
U	11.63	−8.95	13.88	−7.33	8.37	−14.22	17.93	−2.49	11.31	−8.74
Zr	50.28	−16.67	107.00	34.72	96.63	39.04	53.63	−12.69	68.07	4.09

蚀变类型及样品数量	钾长石化(3个)平均值	ΔC_i	钠长石化(4个)平均值	ΔC_i	绢云母化(6个)平均值	ΔC_i	绢英岩化(9个)平均值	ΔC_i	云英岩化(3个)平均值	ΔC_i
Hf	2.28	-0.51	4.24	1.25	3.70	1.08	2.69	-0.07	2.78	0.12
Y	8.92	-1.32	13.22	2.35	6.26	-3.06	7.17	-2.96	7.76	-2.10
Nb	13.80	-1.90	12.94	-3.32	12.28	-4.41	28.18	12.67	7.80	-7.48
Ta	6.33	-1.23	3.61	-4.08	1.89	-7.92	17.36	9.89	2.60	-4.80
Th	9.70	-2.60	28.68	14.90	32.92	23.30	8.82	-3.36	12.53	0.78
Tl	6.02	3.97	3.03	0.88	3.48	0.95	3.07	1.10	2.08	0.18
La	16.76	1.52	44.50	27.00	51.60	40.11	11.36	-3.67	15.43	0.93
Ce	33.15	2.74	89.73	54.74	102.68	79.88	22.84	-7.18	31.27	2.33
Pr	3.73	0.23	10.07	6.06	11.33	8.69	2.64	-0.82	3.66	0.33
Nd	13.95	0.69	37.58	22.41	41.83	31.87	9.92	-3.17	13.83	1.23
Sm	2.74	-0.14	6.51	3.30	6.64	4.43	2.04	-0.81	2.91	0.16
Eu	0.40	0.16	0.74	0.47	0.61	0.40	0.16	-0.07	0.27	0.04
Gd	1.89	-0.10	3.96	1.77	3.58	1.93	1.29	-0.68	1.87	-0.04
Tb	0.38	-0.04	0.58	0.14	0.43	0.09	0.27	-0.15	0.37	-0.03
Dy	1.76	0.00	2.45	0.57	1.50	-0.03	1.26	-0.48	1.54	-0.15
Ho	0.30	0.07	0.36	0.10	0.18	-0.06	0.19	-0.05	0.28	0.05
Er	0.75	-0.14	1.05	0.12	0.53	-0.25	0.54	-0.34	0.73	-0.12
Tm	0.13	0.02	0.16	0.04	0.06	-0.06	0.08	-0.03	0.08	-0.03
Yb	0.83	-0.03	0.91	0.00	0.32	-0.42	0.67	-0.18	0.58	-0.25
Lu	0.10	0.00	0.14	0.04	0.06	-0.05	0.07	-0.02	0.09	0.00
Be	129.78	37.42	6.92	-84.41	8.88	-65.27	56.32	-34.55	14.01	-76.44
Co	4.07	1.92	2.99	0.72	5.04	3.10	1.82	-0.28	2.24	0.22
Cu	1039.18	1006.12	352.35	311.23	706.17	692.39	218.40	196.97	1047.67	1063.27
Mo	45.15	32.13	11.30	-1.85	25.73	10.98	11.50	-1.02	35.63	24.37
Cd	0.54	0.43	0.27	0.16	0.59	0.49	0.26	0.16	0.59	0.51
In	1.06	0.88	0.55	0.35	0.42	0.23	0.28	0.11	0.50	0.35
Sb	0.89	0.34	0.69	0.12	1.98	1.38	0.67	0.14	0.73	0.22
W	53.04	40.56	89.03	72.23	275.42	262.71	340.56	329.16	680.67	693.04
Re	0.02	0.02	0.00	0.00	0.01	0.01	0.01	0.01	0.02	0.02

注：ΔC_i 计算采用 López-Moro（2012）计算软件获得

表4.2　大湖塘钨矿田外带晋宁期黑云母花岗闪长岩不同蚀变类型元素迁移量计算结果

蚀变类型及样品数量	黑云母化（6个）平均值	ΔC_i	绢英岩化（8个）平均值	ΔC_i	云英岩化（7个）平均值	ΔC_i	硅化（1个）平均值	ΔC_i	黑云母化+云英岩化（6个）平均值（陈文文，2015）	ΔC_i
SiO_2	52.01	−17.40	67.46	0.98	71.10	7.47	80.56	17.45	59.98	−8.02
TiO_2	0.55	0.03	0.55	0.06	0.31	−0.16	0.47	0.00	0.58	0.08
Al_2O_3	22.63	6.38	15.10	0.01	14.49	−0.02	11.06	−3.61	18.80	3.29
Fe_2O_3	3.25	2.49	0.78	0.19	0.46	−0.12	0.46	−0.12	1.28	0.65
MnO	0.28	0.19	0.09	0.01	0.06	−0.02	0.08	0.01	0.13	0.04
MgO	2.14	0.78	1.56	0.31	0.66	−0.57	0.24	−1.02	1.60	0.31
CaO	1.98	−0.35	1.22	−1.01	1.78	−0.37	0.29	−1.94	1.74	−0.53
Na_2O	0.62	−1.95	2.21	−0.32	2.71	0.30	0.12	−2.41	0.57	−1.98
K_2O	7.11	2.62	3.89	−0.23	4.58	0.64	3.36	−0.63	5.93	1.67
P_2O_5	1.19	1.00	0.14	0.00	0.16	0.00	0.16	0.03	0.23	0.09
Cs	2184.33	2025.75	493.13	439.40	61.34	6.74	273.00	228.68	未检测	
Li	1786.67	1653.41	487.63	440.79	136.03	91.90	423.00	392.87	未检测	
Rb	1862.33	1500.16	389.13	116.12	378.00	119.93	1059.00	834.20	893.17	602.42
Ba	340.75	−56.52	380.63	2.05	304.14	−62.93	28.30	−351.83	378.50	−9.25
Sr	69.12	−55.01	90.34	−29.90	113.00	−2.57	8.62	−111.90	27.43	−93.95
Pb	8.77	−26.69	21.91	−12.97	33.47	0.01	13.60	−20.79	7.98	−27.20
Cr	40.77	−30.89	41.60	−27.86	9.73	−59.59	2.55	−67.11	136.12	64.09
Ni	21.18	3.09	23.15	6.21	4.34	−12.56	1.90	−15.12	26.27	8.72
V	67.95	0.00	70.08	5.81	28.63	−34.81	6.08	−58.43	80.90	14.76
Sc	12.08	1.70	10.44	0.70	5.01	−4.57	2.40	−7.30	13.67	3.62
Ga	55.05	31.79	18.93	−1.65	24.69	5.14	39.20	20.38	37.23	15.90
Zn	570.17	462.65	116.60	36.36	101.90	25.60	212.00	141.12	447.33	358.81
Bi	92.68	33.34	1.92	−53.12	36.22	−17.12	705.00	684.02	未检测	
U	5.11	−0.09	4.70	−0.23	13.93	9.62	39.40	36.34	4.35	−0.69
Zr	30.20	−31.46	42.03	−17.92	81.00	24.58	75.50	18.88	147.83	85.13
Hf	1.40	−0.63	1.69	−0.26	2.93	1.11	4.81	3.08	11.84	9.68
Y	25.58	4.61	25.23	5.64	14.63	−4.46	10.20	−9.09	27.63	7.39
Nb	27.05	14.79	10.91	−0.02	11.90	1.45	35.60	26.31	9.62	−1.55

蚀变类型及样品数量	黑云母化（6个）平均值	ΔC_i	绢英岩化（8个）平均值	ΔC_i	云英岩化（7个）平均值	ΔC_i	硅化（1个）平均值	ΔC_i	黑云母化+云英岩化（6个）平均值（陈文文，2015）	ΔC_i
Ta	17.12	14.88	1.03	-0.41	2.05	0.70	16.00	15.33	0.91	-0.55
Th	10.49	-4.75	15.78	1.15	19.26	5.42	7.46	-6.93	13.32	-1.65
Tl	9.60	8.21	2.20	1.27	1.86	1.00	3.36	2.58	未检测	
La	25.17	-7.18	33.69	2.76	33.63	4.04	5.52	-25.40	30.92	-0.78
Ce	52.00	-12.44	69.90	8.40	64.14	5.15	12.20	-49.24	62.92	-0.16
Pr	6.20	-1.34	8.11	0.92	7.33	0.42	1.53	-5.65	7.58	0.20
Nd	25.06	-4.76	33.06	4.65	27.14	-0.24	5.89	-22.49	29.52	0.36
Sm	5.40	-0.46	6.77	1.21	4.93	-0.45	1.69	-3.84	6.12	0.41
Eu	1.08	-0.07	1.01	-0.09	0.72	-0.35	0.05	-1.06	0.84	-0.28
Gd	4.51	-0.47	5.68	0.95	3.53	-1.08	1.31	-3.40	5.60	0.73
Tb	0.94	0.09	0.96	0.16	0.58	-0.21	0.31	-0.48	0.98	0.15
Dy	4.84	0.55	5.05	1.02	2.76	-1.18	1.89	-2.09	5.45	1.29
Ho	0.90	0.14	0.87	0.16	0.51	-0.19	0.32	-0.38	1.11	0.37
Er	2.47	0.29	2.36	0.31	1.39	-0.61	0.89	-1.13	2.95	0.83
Tm	0.38	0.08	0.34	0.06	0.24	-0.03	0.19	-0.09	0.46	0.17
Yb	2.38	0.33	2.10	0.17	1.49	-0.38	1.29	-0.59	2.77	0.79
Lu	0.35	0.05	0.33	0.05	0.22	-0.05	0.16	-0.11	0.39	0.11
Be	114.90	105.13	10.81	6.44	5.77	1.59	3.55	-0.73	未检测	
Co	13.88	2.57	11.73	1.15	4.52	-5.93	2.56	-7.98	13.68	2.79
Cu	5081.67	4805.60	233.19	194.05	570.40	556.52	13687.00	14307.74	3260.50	3165.73
Mo	132.34	116.56	10.95	1.38	13.00	3.97	19.10	10.37	48.85	38.40
Cd	2.30	2.08	0.27	0.16	0.43	0.33	5.38	5.52	未检测	
In	1.67	1.50	0.28	0.19	0.22	0.14	1.57	1.55	未检测	
Sb	2.58	1.54	0.92	0.01	0.57	-0.32	4.40	3.70	未检测	
W	67.82	58.30	142.58	137.29	11.15	5.30	558.00	578.59	3532.33	3467.63
Re	0.01	0.00	0.00	0.00	0.00	0.00	0.03	0.02	未检测	

注：ΔC_i 计算采用 López-Moro（2012）计算软件获得

4.2　碱交代过程元素迁移特征

4.2.1　内带碱交代的元素迁移特征

大湖塘钨矿田的碱交代,发生在燕山期(似)斑状黑云母花岗岩与晋宁期黑云母花岗闪长岩侵入接触界面的内外带中,内带的碱交代规模和强度相对外带都较小,以钾交代和钠交代为主,碱交代初期钠交代相对较早于钾交代,后以钾钠交替交代现象为主,表现为条纹长石化,因而碱交代热液蚀变的中心部位位于外带,通过对内带碱性蚀变的(似)斑状黑云母花岗岩的元素迁移量计算,形成碱交代蚀变的成矿流体有以下特征。

内带碱交代的钾交代作用,其最显著的特点是去硅和钠,富集铝、铁和钾的作用,也就是从围岩中交代出 Si 和 Na,其次是 U、Zr、Nd 和 Ta 等(图4.2,表4.1),其效果是破坏了原生环境形成稳定的矿物结构,使得岩石的矿物间隙加大,矿物晶形溶蚀空洞,岩石的渗透能力加强,空间的增加有利于新生热液矿物的形成和成矿流体的迁移。同时给围岩带入主量元素 Al、Mg、Fe 和 K,以及微量元素 Cs、Li、Rb、Ba、Bi、Tl、La、Ce、Be、Zn、Cu、Mo 和 W 等(图4.2,

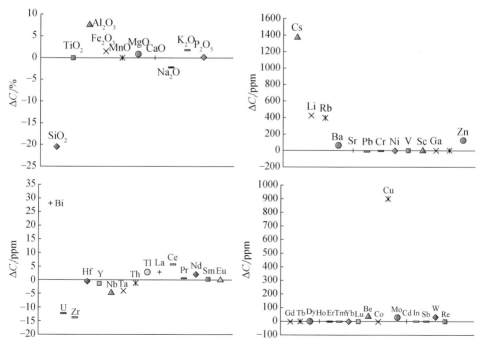

图4.2　大雾塘矿区内带钾交代蚀变的(似)斑状黑云母花岗岩元素迁移特征

表 4.1），轻稀土被带入围岩中，出现相对轻稀土富集，重稀土无明显变化的特征。其中 Fe 增加，预示着流体在与围岩反应过程中处在氧化环境，而去硅增铝作用的最大贡献在于石英的白云母化，其次是斜长石的绢云母化作用。

内带碱交代的钠交代作用，与钾交代作用类似，其最显著的特点是去硅和钾，富集铝和钠元素，从围岩中交代出 Si 和 K，其次是 U、Nd、Ta 和 Be，但富 Zr 元素等（图 4.3，表 4.1），与钾交代类似使得岩石的矿物间隙加大，矿物晶形溶蚀空洞，岩石的渗透能力加强，空间的增加有利于新生热液矿物的形成和成矿流体的迁移。交代过程中同时给围岩带入主量元素 Al 和 Na，少量的 Ca 和 P，以及微量元素 Cs、Li、Rb、Ba、Sr、Zr、La、Ce、Zn、Cu 和 W 等（图 4.3），表现出轻稀土富集，重稀土无明显变化的特征。其中 Fe 没有明显的增加，预示着流体在与围岩反应过程中处在中性环境，其中去硅增铝作用的最大贡献在于石英的钠云母化，其次是钾长石的钠长石化作用。

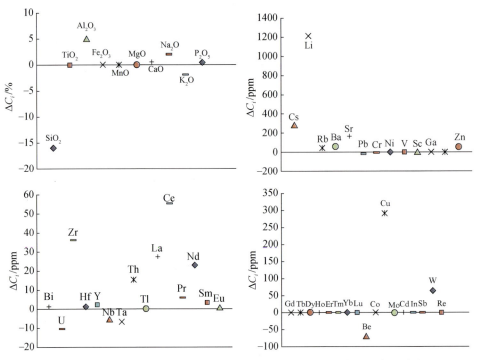

图 4.3　大雾塘矿区内带钠交代蚀变的（似）斑状黑云母花岗岩元素迁移特征

4.2.2　外带碱交代的元素迁移特征

大湖塘钨矿田的碱交代，外带的碱交代规模和强度相对内带都大得多，因而碱交代热液蚀变的外带碱性蚀变（黑云母化±绢云母化±钾长石化±白云母）黑云母花岗闪长岩的元素迁移量计算，形成碱交代蚀变的成矿流体有以下特征。

外带的钾交代作用，其最显著的表现同样是去硅和钠，富集铝、铁和钾元素，流体从围岩中交代出 Si 和 Na，其次是 U、La、Ce、Nd 和 Zr、Ba、Sr 等，其中重稀土未见明显的迁移，轻稀土相对亏损是其特征之一，与内带的钾长石蚀变相类似，同时给围岩带入主量元素 Al、Mg、Fe 和 K，以及微量元素 Cs、Li、Rb、Bi、Nd、Ta、Tl、Zn、Cu、Mo 和 W 等（图 4.4，表 4.2），其中 Nd 和 Ta 的带入，轻稀土的带出呈现亏损的特征，与内带碱交代的轻稀土富集但 Nd 和 Ta 亏损现象存在差异。同样是 Fe 增加，预示着外带的流体在与围岩进行碱交代反应过程中处在氧化环境，其中去硅增铝作用的最大贡献在于石英的黑云母化，其次是斜长石的绢云母化作用。

大湖塘钨矿田外带尚未发现钠交代现象，因此本书不深入讨论钠交代。

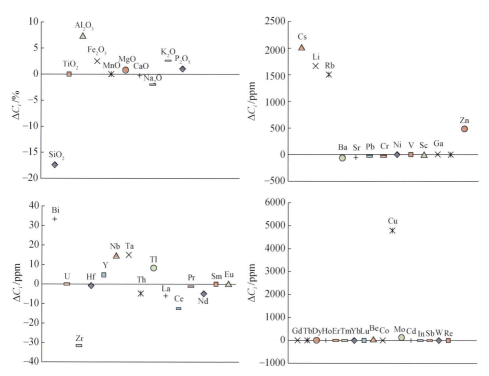

图 4.4　大雾塘矿区外带黑云母化的晋宁期黑云母花岗闪长岩元素迁移特征

4.3　弱碱−弱酸交代作用（绢云母化/绢英岩化）元素迁移特征

大湖塘钨矿田弱酸−弱碱交代作用主要发生在（似）斑状黑云母花岗岩期后

热液阶段，由于热液流体对围岩高强度的交代蚀变，碱相对消耗过多，随着温度的降低，流体中硅的富集，流体由强碱性转变为弱碱性，其蚀变特征表现为绢云母化进一步消耗流体中的碱，流体的温度进一步降低，pH 也进一步降低，趋向弱酸性进行转变，则温度和 pH 共同作用，使得部分硅从流体中析出形成绢云母+石英的绢英岩化蚀变。

　　绢云母化（弱碱）蚀变主要出现在内带中，其元素迁移与碱交代类似，同样是去硅、铝和钠，富集 Ti、Fe、Mg、Ca 和 K 等元素，只是相对强度弱了很多，流体从围岩中交代出主量元素 Si、Al 和 Na，以及微量元素 U、Nd、Ta 和 Be 等，轻稀土相对富集和重稀土未见明显迁移是其特征之一，与内外带的黑云母化和钾长石化蚀变相类似，流体给围岩带入主量元素 Ti、Fe、Mg、Ca 和 K，以及微量元素 Li、Rb、Ba、Sr、Pb、Bi、Zr、Th、La、Ce、Nd、Zn、Cu 和 W 等（图 4.5，表 4.2），其中 Nd 和 Ta 的带出，轻稀土的带入呈现富集的特征，与内外带的碱交代（除钠交代以外）的特征相同。同样是 Fe 相对增加，预示着外带的流体在与围岩进行交代反应过程中处在氧化环境。

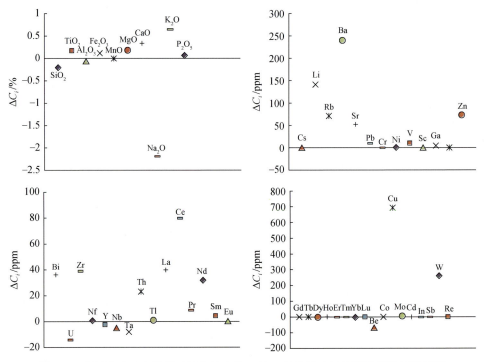

图 4.5　大雾塘矿区内带绢云母化蚀变的（似）斑状黑云母花岗岩元素迁移特征

　　而外带黑云母花岗闪长岩中则以绢英岩化（弱酸）蚀变为主，与内带的（似）斑状黑云母花岗岩的绢云母化不同，其以微弱酸性为主，表现出相反的增硅并去铝钙和钠、钾的显著特征（图4.6，表4.2），闪长岩中的绢英岩化起到了为成矿流体富集钙元素的一个重要过程。为后期云英岩化过程中的白钨矿的形成，提供了一定量的钙元素。流体给围岩带入主量元素 Si、Fe 和 Mg，同样形成绢英岩化的流体依然是氧化环境，微量元素 Cs、Li、Rb、Y 和 La、Ce、Nd，以及成矿元素 Zn、Cu 和 W 的增加，流体从围岩中交代出 Sr、Pb、Cr、Bi 和 Zr 是其特征之一（图4.6）。

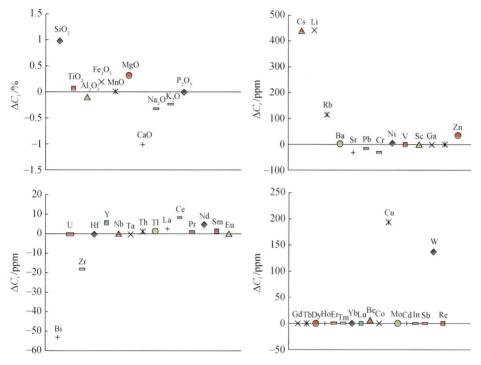

图 4.6 狮尾洞矿区外带黑云母花岗闪长岩绢英岩化的主微量元素迁移特征

4.4 酸交代作用（云英岩化/硅化）元素迁移特征

4.4.1 酸交代元素迁移特征

大湖塘钨矿田的酸交代蚀变与成矿元素的沉淀是同时进行的，也就是成矿流体与围岩发生交代反应的过程中就伴随着大量成矿物质的沉淀卸载。

其中内带（似）斑状黑云母花岗岩云英岩化的规模相对外带小，分布在早期碱交代蚀变范围内，基本上是叠加在早期的碱交代蚀变之上，部分强烈的完全破坏了早期的碱性蚀变和弱碱性乃至弱酸性蚀变，而矿体分布集中在云英岩化的时间范围内，尤其是强云英岩化部位。云英岩化最显著的表现与碱性蚀变相反，富集硅，去铝、钠和钾等元素（图4.7），流体向围岩交代进 Si 元素，其次是微量元素 Cs、Li、Ba、Bi、Zr 及轻稀土等，重稀土则未见明显的迁移，成矿元素 Zn、Cu 和 W 大量沉淀在围岩早期蚀变的矿物间隙或者构造裂隙中，而 Mo 在蚀变作用过程中相对迁移量较少；除以上元素以外的主微量元素都被酸性流体从围岩中交代出，其中最显著的是主量元素 Al、K 和 Na，微量元素 Rb、U、Nd 和 Ta，Fe 未见增加，结合伴生大量硫化物的沉淀析出，预示着内带的流体在与围岩进行酸交代反应过程中处在还原化环境（f_{H_2S} 较高），其中富硅去铝的形成主要是由于云母和长石类矿物被石英交代。

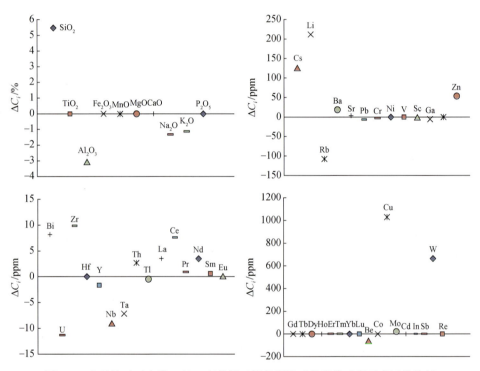

图 4.7　大雾塘矿区内带（似）斑状黑云母花岗岩云英岩化过程元素迁移特征

外带晋宁期黑云母花岗闪长岩云英岩化的规模相对内带大，但依然被限定在早期大规模的碱交代蚀变范围内，基本上是叠加在早期的碱交代蚀变之上，部分强烈的完全破坏了早期的碱性蚀变和弱碱性乃至弱酸性蚀变，只有在昆山矿区才能见到沿细脉带分布相对单一的云英岩化。昆山矿区云英岩化最显著的表现与大雾塘矿区内带特征类似（图4.8），差别在于主量元素钾和钠在昆山出现相对少量的增加，可能与云英岩化过程中白云母的大量生成，白云母/石英值大于 1 有关；对于微量元素，大雾塘矿区的 Rb 亏损而 Ba 富集，Bi 富集而 U 亏损，昆山矿区则相反。

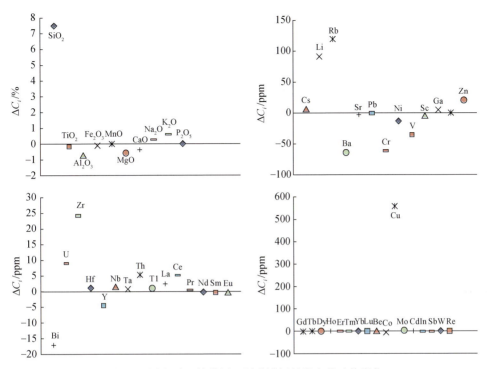

图 4.8　昆山矿区外带黑云母花岗闪长岩中的云英岩化

外带晋宁期黑云母花岗闪长岩硅化规模较大,但依然被限定在早期大规模的碱交代蚀变范围内,基本上是叠加在早期的碱交代蚀变之上,以线型蚀变为主,其展布形态受石英大脉和隐爆角砾岩的控制,在狮尾洞矿区的东部狮子崖可见到隐爆角砾岩巨大硅化蚀变形成石英山。硅化最显著的表现与云英岩化特征类似(图 4.9),差别在于增硅的强度远远大于云英岩化,同时主量元素 Mg、Ca、Al、K 和 Na 大量减少,可能与硅化过程中石英的大量生成,白云母/石英值大于 1 有关,以及石英强烈交代长石和云母类矿物;对微量元素,大雾塘矿区的 Ba 和 Sr 强烈亏损,被流体带走,Cs、Li、Rb 和 Bi 富集,Cu 元素强烈富集。

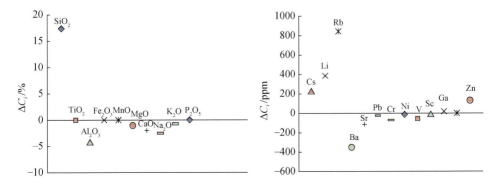

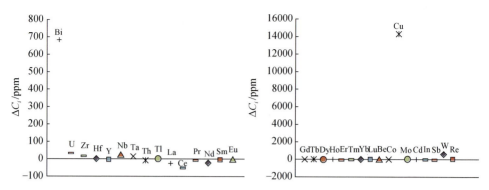

图 4.9　大雾塘矿区硅化蚀变黑云母花岗闪长岩元素迁移特征图

4.4.2　碱–酸叠加交代的元素迁移特征

大湖塘钨矿田的酸交代叠加在早期的碱交代之上（黑云母化/钾长石+云英岩化/硅化），不论是内带还是外带，是其最典型的和最有特色的蚀变特征标志。正是由于酸交代对碱交代的叠加破坏作用，因而前人的研究大多强调酸交代的云英岩化作用效果，本次工作通过系统且全面的野外地质和室内显微岩相学的研究，厘定其蚀变类型及其蚀变空间分布特征，其酸–碱蚀变叠加现象对成矿起到了至关重要的作用。作为大湖塘钨矿田普遍存在的一种叠加蚀变，叠加蚀变最强的地方，基本上也是矿化富集最高的地段，同时石英大脉集中地段也是矿体分布地段，这些巨大张性裂隙对成矿起到了赋存和限制的作用。由于叠加的蚀变对早期碱性蚀变的交代完全程度不一样，单纯从去硅和增硅的效果来看，大多数叠加的云英岩化增加的硅尚未完全补充强碱性蚀变去除的硅，多数云英岩化样品的硅含量相对低于未蚀变的原岩硅含量，因而其元素迁移量的计算结果与单纯云英岩化不一样，这里主要是其经历了两类不同的蚀变作用。

因而这里选取研究区外带的黑云母化+云英岩化的岩石样品，进行元素迁移叠加作用的计算，其元素迁移相对未蚀变岩石特征（图 4.10），主量元素中中等程度的硅、钙和钠减少，中等程度的铝、铁、镁和钾增加。其最明显的特征在于微量元素 Cs、Li、Bi、U 及稀土元素出现叠加作用，先亏损后富集，并达到未蚀变含量标准，因此总体上的强碱蚀变（黑云母化）交代出轻稀土，后酸性（云英岩化）蚀变又带入是研究区热液流体演化特征之一，叠加后的结果是保持稀土元素相对稳定的现象。因此研究区全岩稀土元素对成矿流体的来源和演化示踪作用，需系统研究样品的蚀变类型和是否存在蚀变叠加的现象。而成矿元素 Zn、Cu 和 W 具有二者叠加后更高倍数的富集程度，是研究区成矿元素巨量堆积最重要的原因之一。

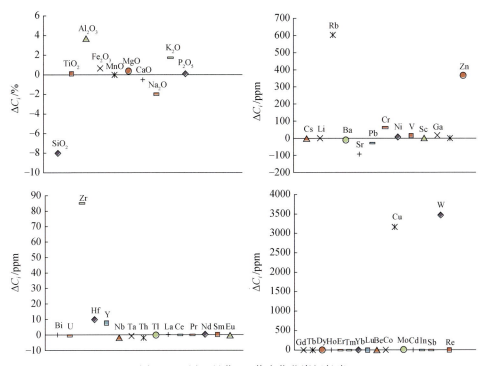

图 4.10　黑云母化+云英岩化花岗闪长岩

第5章 蚀变流体地球化学特征

5.1 蚀变流体包裹体特征

研究区酸性蚀变流体形成的酸性蚀变（云英岩化和硅化）都有新生矿物石英的出现，特别是作为典型代表的石英大脉矿体的矿石，有透明矿物石英、白钨矿和方解石等，矿物内可见流体包裹体，其中以石英中的包裹体最为发育，白钨矿次之，方解石中包裹体少见。石英中有大量的气液包裹体。本章选择石英作为重点研究对象，来获得研究区酸性蚀变流体相关的物理化学特征。

根据室温下包裹体的相组成、充填度和均一温度的方式，大湖塘矿集区流体包裹体主要分为富液相包裹体（Ⅰ型）、富气相包裹体（Ⅱ型）、单相包裹体（包括纯液相或纯气相）（Ⅲ型）（图5.1）。

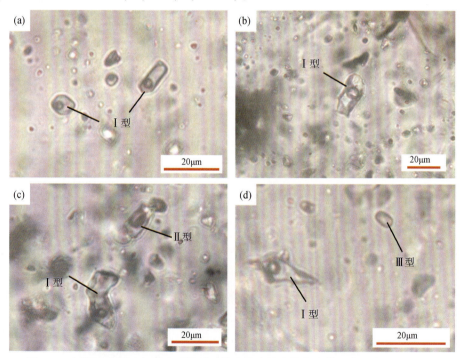

图5.1 大湖塘矿集区主要矿石类型石英中代表性流体包裹体（据江超强，2016）

大部分包裹体在4~9μm，多为Ⅰ型富液相包裹体，呈椭圆形、长条形、多边形成群分布或均匀密集分布，气液比大多在10%～40%，气相成分主要为H_2O、CH_4、N_2和CO_2，液相成分主要为H_2O。各典型矿区成矿流体均一温度和盐度差异不大，成矿压力差异相对较大，热液爆破角砾岩阶段和微细浸染阶段压力较大，而石英大脉阶段压力相对低，但昆山细脉带型形成压力偏高，与成矿过程中上覆岩石未被爆破或者是压力释放较缓慢有关（表5.1）。

表 5.1　大湖塘钨矿田典型矿区流体包裹体特征

矿区类型	石门寺			一矿带			狮尾洞			昆山		
	均一温度/℃	盐度/%	成矿压力/MPa	均一温度/℃	盐度/%	成矿压力/MPa	均一温度/℃	盐度/%	成矿压力/MPa	均一温度/℃	盐度/%	成矿压力/MPa
爆破角砾岩型	152～387（阮昆等，2015b）	4.8～17.3（阮昆等，2015b）	42.1～117.4									
细脉浸染型	154～376（阮昆等，2015b）	7.2～13.2（阮昆等，2015b）	42.7～103.1									
石英脉型	186～365（张婉婉，2013）	8.5～13.1（张婉婉，2013）	15～30	155～350（江超强，2016）	3.5～12（江超强，2016）	12～22	140～360（徐国辉，2013）	2.4～16.2（徐国辉，2013）	17.4～36.9	170～330（江媛媛，2016）	2～12（江媛媛，2016）	36～156

5.2　热液黑云母地球化学特征

5.2.1　黑云母的矿物学及化学成分特征

热液矿物（角闪石、金红石和绿泥石等）地质温度计，对研究热液蚀变温度或区域变质作用温度具有很好的研究效果（Holland and Blundy, 1994；López-Munguira et al., 2002；陈振宇和李秋立, 2007；Uvarova et al., 2007；Inoue et al., 2009；廖震等, 2010；张贵宾和张立飞, 2011；于胜尧等, 2011；高晓英和郑永飞, 2011；张伟等, 2014；Lanari et al., 2014；Wu and Chen, 2015；杨超等, 2015；Alacalı and Savaşçın, 2015）。通过不同蚀变矿物不仅能够计算出对应蚀变作用过程的蚀变温度，其中特别是黑云母的卤族元素的含量及变化，而且可以很好地指示成矿流体对成矿元素的搬运能力及其流体性质方面的信息

（Sengupta and Kale，2006；Ayati et al.，2008；Pirajno，2009；Einali et al.，2014；Fournier et al.，2014）。

　　大湖塘钨矿田流体演化过程中流体的物理化学条件，无论是云英岩化还是硅化，其热液交代成因石英的流体包裹体只能记录成矿流体酸性蚀变阶段的物理化学状态，而早期碱性蚀变的黑云母则能记录碱性蚀变的物理化学条件，特别是黑云母的地质温度计，是研究热液蚀变矿物的有效手段。通过对大湖塘钨矿田外带晋宁期蚀变与未蚀变的黑云母花岗闪长岩，进行显微岩相学和黑云母的矿物学研究，根据矿物的世代关系，将黑云母划分为三类，第一类是原生黑云母（P），第二类是热平衡黑云母（R1 和 R2），第三类是完全热液蚀变成因黑云母（H），即强碱交代成因的黑云母（图5.2）。

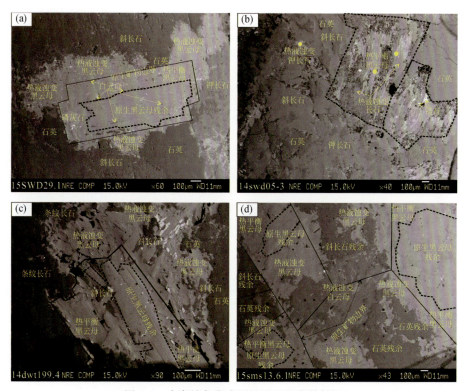

图 5.2　大湖塘各类成因的黑云母背散射图

（a）狮尾洞矿区原生晋宁黑云母花岗闪长岩的黑云母，经历了闪长岩冷凝结晶后的热平衡，黑云母矿物结构部分重置，形成浅绿色黑云母，以及中心的褐色原生黑云母；（b）狮尾洞矿区花岗闪长岩原生黑云母先经历热平衡，后经历钾长石化蚀变，保留了原生黑云母晶形假象，以及部分热平衡黑云母残余；（c）大雾塘矿区闪长岩先经历热平衡，后经历燕山期钾交代，沿矿物间隙交代黑云母相邻的条纹长石、石英和斜长石等矿物，原生黑云母周边形成细小鳞片状红褐色的热液黑云母；（d）石门寺矿区典型先碱交代（黑云母化）后叠加酸交代（白云母±石英，即云英岩化），黑云母先经历热平衡，再经历沿原生矿物边界交代相邻矿物，形成细小鳞片状的热液黑云母，后热液黑云母被白云母交代形成热液白云母在对研究区黑云母系统的显微矿物学及世代关系研究的基础上，选取代表性样品进行各类黑云母的电子探针分析，分析结果见表5.2。

表5.2　大湖塘钨矿田黑云母化学成分特征表

岩性	新鲜花岗闪长岩			云英岩化的似斑状黑云母花岗岩			弱黑云母化的花岗闪长岩			强黑云母化的花岗闪长岩			
黑云母类型	原生黑云母（P）			热平衡黑云母（R2）			热平衡黑云母（R1）			热液黑云母（H）			
样品	14SMS-01	14SMS-03	14SMS-03	15DWTZ-19	15DWTZ-39	15DWTZ-50	14ksz-50	14ksz-73	14SMS-12-2	15DWTZ-63	15DWTZ-100	14SMS-05-3	14SMS-12-2
SiO_2	35.77	34.4	33.99	35.39	35.1	35.19	35.04	35.53	34.73	35.82	35.89	35.81	34.9
TiO_2	3.95	3.82	4.9	2.18	2.18	1.98	3.12	3.08	3.12	2.51	2.07	2.17	2.29
Al_2O_3	17.55	18.25	18.38	20.85	20.71	20.9	19.1	18.86	19.15	19.91	18.91	18.53	19.43
Fe_{tot}	21	21.1	21.04	23.82	24.35	20.92	20.53	21.35	19.33	18.9	20.24	19.78	19.85
MnO	0.28	0.34	0.33	0.66	0.31	0.24	0.36	0.4	0.41	0.29	0.4	0.23	0.37
MgO	7.24	6.83	6.77	2.99	2.66	3.92	6.91	6.08	7.53	6.7	6.64	8.91	7.77
CaO	0	0.01	0	0	0	0	0	0	0	0	0	0	0.01
Na_2O	0.24	0.26	0.23	0.06	0.03	0	0.16	0.08	0.15	0.08	0.15	0.07	0.08
K_2O	10.17	10.27	9.96	10.32	10.1	10.26	10.51	10.56	10.33	10.07	10.33	10.39	10.21
F	0.5	0.3	0.27	1.81	0.62	3.23	0.74	0.62	0.76	1.11	2.12	0.73	0.59
Cl	0.05	0.04	0.05	0.02	0.01	0	0.04	0.05	0.03	–	0.03	0.03	0.03
Fe_2O_3（计算）	4.36	4.09	4.27	5.40	4.96	5.10	2.31	2.38	4.13	4.30	4.75	4.09	4.02
FeO（计算）	17.08	17.42	17.20	18.96	19.89	16.33	18.45	19.21	15.61	15.03	15.97	16.10	16.23
H_2O（计算）	3.71	3.73	3.75	3.05	3.58	2.32	3.57	3.63	3.54	3.42	2.90	3.59	3.63
$O=F, Cl$	0.22	0.14	0.12	0.22	0.263	1.367	0.32	0.27	0.33	0.47	0.90	0.34	0.26
Li_2O（计算）	0.71	0.32	0.20	0.60	0.52	0.55	0.50	0.65	0.42	0.73	0.75	0.73	0.46
total	101.17	99.67	99.87	101.76	100.17	99.76	100.58	100.88	99.49	99.53	100.43	101.03	99.62
Si^{4+}	2.687	2.630	2.586	2.634	2.681	2.609	2.650	2.692	2.626	2.685	2.670	2.673	2.642
Al^{IV}	1.313	1.370	1.414	1.366	1.319	1.391	1.350	1.308	1.374	1.315	1.330	1.327	1.358
T-site	4	4	4	4	4	4	4	4	4	4	4	4	4
Al^{VI}	0.240	0.274	0.235	0.462	0.545	0.435	0.353	0.376	0.333	0.443	0.328	0.303	0.375
Ti^{4+}	0.223	0.220	0.280	0.122	0.125	0.110	0.178	0.176	0.178	0.142	0.116	0.122	0.130
Fe^{3+}	0.246	0.235	0.244	0.302	0.285	0.285	0.132	0.136	0.235	0.242	0.266	0.230	0.229
Fe^{2+}	1.073	1.114	1.095	1.180	1.271	1.012	1.167	1.217	0.987	0.942	0.994	1.005	1.027
Mn^{2+}	0.018	0.022	0.021	0.042	0.020	0.015	0.023	0.026	0.026	0.018	0.025	0.015	0.024
Mg^{2+}	0.811	0.778	0.768	0.332	0.303	0.433	0.779	0.687	0.849	0.749	0.736	0.991	0.877

续表

岩性	新鲜花岗闪长岩			云英岩化的似斑状黑云母花岗岩			弱黑云母化的花岗闪长岩			强黑云母化的花岗闪长岩			
黑云母类型	原生黑云母（P）			热平衡黑云母（R2）			热平衡黑云母（R1）			热液黑云母（H）			
样品	14SMS-01	14SMS-03	14SMS-03	15DWTZ-19	15DWTZ-39	15DWTZ-50	14ksz-50	14ksz-73	14SMS-12-2	15DWTZ-63	15DWTZ-100	14SMS-05-3	14SMS-12-2
Y-site	2.611	2.643	2.643	2.440	2.549	2.290	2.631	2.616	2.609	2.537	2.464	2.665	2.663
Ca^{2+}	0.000	0.001	0.000	0.000	0.000	0.000	0.000	0.000	0.000	0.000	0.000	0.000	0.001
Na^+	0.035	0.039	0.034	0.009	0.004	0.032	0.023	0.012	0.022	0.012	0.022	0.010	0.012
K^+	0.975	1.002	0.967	0.980	0.984	0.970	1.014	1.021	0.997	0.963	0.980	0.989	0.986
X-site	1.010	1.041	1.001	0.988	0.989	1.002	1.038	1.032	1.019	0.974	1.002	0.999	0.999
Cations	7.621	7.684	7.644	7.429	7.538	7.292	7.668	7.648	7.627	7.511	7.466	7.664	7.661
X_F	0.119	0.073	0.065	0.426	0.150	0.757	0.177	0.149	0.182	0.263	0.499	0.189	0.141
X_{Cl}	0.006	0.005	0.006	0.003	0.001	0.004	0.005	0.006	0.004	0.000	0.004	0.004	0.004
X_{OH}	1.011	1.008	1.008	1.030	1.000	1.053	1.015	1.013	1.014	1.018	1.036	1.015	1.012
$\lg(X_F/X_{OH})$	-0.930	-1.143	-1.191	-0.384	-0.825	-0.143	-0.758	-0.834	-0.747	-0.588	-0.317	-0.730	-0.855
$\lg(X_{Cl}/X_{OH})$	-2.201	-2.289	-2.194	-2.611	-2.888	-2.446	-2.296	-2.198	-2.421	—	-2.438	-2.427	-2.420
$\lg(X_{Cl}/X_F)$	0.930	1.143	1.191	0.384	0.825	0.143	0.758	0.834	0.747	0.588	0.317	0.730	0.855
$Fe^{2+}/(Fe^{2+}+Mg)$	0.570	0.589	0.588	0.781	0.807	0.700	0.600	0.639	0.538	0.557	0.574	0.503	0.540
$Mg/(Fe^{2+}+Mg)$	0.430	0.411	0.412	0.219	0.193	0.300	0.400	0.361	0.462	0.443	0.426	0.497	0.460
$100\times(Fe^{2+}/Fe^{2+}+Mg)$	56.957	58.863	58.767	78.062	80.749	70.031	59.965	63.928	53.770	55.727	57.434	50.334	53.956
X_{Mg}	0.381	0.366	0.364	0.183	0.163	0.250	0.375	0.337	0.410	0.387	0.369	0.445	0.411
X_{Fe}	0.658	0.676	0.672	0.854	0.874	0.800	0.679	0.716	0.647	0.685	0.683	0.608	0.650
$\lg(f_{H_2O}/f_{HF})$	6.397	6.627	6.299	7.889	8.082	8.814	6.701	6.786	6.696	7.252	8.171	8.005	7.857
$\lg(f_{H_2O}/f_{HCl})$	5.336	5.432	5.154	6.733	6.888	7.138	5.663	5.569	5.792		6.736	6.446	6.304
$\lg(f_{HF}/f_{HCl})$	-1.817	-1.929	-1.822	-1.710	-1.674	-2.535	-1.855	-1.964	-1.785		-2.521	-2.732	-2.606
X_{sid}	0.450	0.508	0.520	0.728	0.747	0.673	0.516	0.531	0.493	0.516	0.501	0.431	0.497
X_{ana}	0.170	0.127	0.116	0.089	0.090	0.077	0.109	0.132	0.097	0.097	0.130	0.124	0.092

续表

岩性	新鲜花岗闪长岩			云英岩化的似斑状黑云母花岗岩			弱黑云母化的花岗闪长岩			强黑云母化的花岗闪长岩			
黑云母类型	原生黑云母（P）			热平衡黑云母（R2）			热平衡黑云母（R1）			热液黑云母（H）			
样品	14SMS-01	14SMS-03	14SMS-03	15DWTZ-19	15DWTZ-39	15DWTZ-50	14ksz-50	14ksz-73	14SMS-12-2	15DWTZ-63	15DWTZ-100	14SMS-05-3	14SMS-12-2
IV（F）	1.670	1.854	1.897	0.844	1.260	0.691	1.477	1.507	1.509	1.320	1.033	1.545	1.618
IV（Cl）	-3.544	-3.427	-3.520	-2.752	-2.437	-3.047	-3.437	-3.462	-3.380		-3.285	-3.442	-3.384
IV（F/Cl）	5.213	5.281	5.417	3.596	3.696	3.738	4.915	4.969	4.889		4.318	4.988	5.001
Li（计算）	0.435	0.199	0.126	0.435	0.286	0.126	0.310	0.395	0.257	0.446	0.461	0.440	0.286
OH（计算）	3.748	3.843	3.855	3.748	3.706	3.855	3.633	3.688	3.623	3.466	2.966	3.611	3.706
Fe/Fe+Mg	0.619	0.634	0.636	0.619	0.589	0.636	0.625	0.663	0.590	0.613	0.631	0.555	0.589
Geothermonetry ℃	605	600	650	440	440	420	551	549	560	510	450	503	500
MgO/Fe$_{tot}$	0.3448	0.324	0.322	0.126	0.109	0.187	0.34	0.28	0.3895	0.35	0.33	0.45	0.39
Mg-Li	0.376	0.579	0.642	-0.103	0.017	0.307	0.470	0.291	0.592	0.303	0.276	0.551	0.591
K$_2$O+Na$_2$O	10.41	10.53	10.19	10.38	10.130	10.48	10.67	10.64	10.48	10.15	10.48	10.46	10.29
Fe$_{tot}$+Mn+Ti	1.560	1.591	1.641	1.646	1.701	1.423	1.499	1.554	1.426	1.345	1.400	1.371	1.411
Al^{VI}+Fe^{3+}+Ti	0.710	0.729	0.759	0.887	24.495	0.830	0.662	0.687	0.746	0.827	0.709	0.654	0.735
Fe^{2+}+Mn	1.091	1.136	1.116	1.222	0.956	1.027	1.190	1.243	1.014	0.961	1.019	1.019	1.051
lg（f_{O_2}）	-14.4	-14.8	-14.5	-17.6	-17.7	-17.8	-15.8	-15.1	-15.1	-14.0	-14.1	-13.6	-13.9
P/MPa	216	260	275	314	312	321	272	254	280	278	252	243	284

注：计算是依据 22 原子基数，并通过 Yavuz（2003）的 Mica+程序计算。其中 X_{Mg} [$X_{Mg}=Mg/（Mg+Fe）$] 和 X_{Fe} [$X_{Fe}=（Fe+Al^{VI}）/（Fe+Mg+Al^{VI}）$] 值都为摩尔，其中 Mg 和 Fe 是依据 Zhu 和 Sverjensky（1992）计算方法，其中 IV（F）、IV（Cl）和 IV（F/Cl）的计算标准依据 Munoz（1984）。lg（f_{H_2O}/f_{HF}）、lg（f_{H_2O}/f_{HCl}）和 lg（f_{HF}/f_{HCl}）的值依照 Munoz（1992）的计算公式获得。黑云母地质温度计的计算依据 Henry（2005）。Fe^{2+} 的估算依据 Dymek（1983）

　　研究区不论是原生的黑云母还是热液蚀变的黑云母，通过黑云母的化学成分投图分类，都属于铁云母。这与斑岩铜矿以富集镁云母为重要特征不同（Moore and Czamanske，1973；Selby and Nesbitt，2000；Afshooni et al.，2013）。黑云母的化学组成同样能够用来确定黑云母花岗闪长岩形成的构造环境。将黑云母化学成分数据投在 Al$_2$O$_3$-FeO$_{tot}$-MgO 图解上（Abdelrahman，1994），大湖塘热液蚀变黑云母落在过铝质（S 型花岗岩）系列 [图 5.3（d）]。

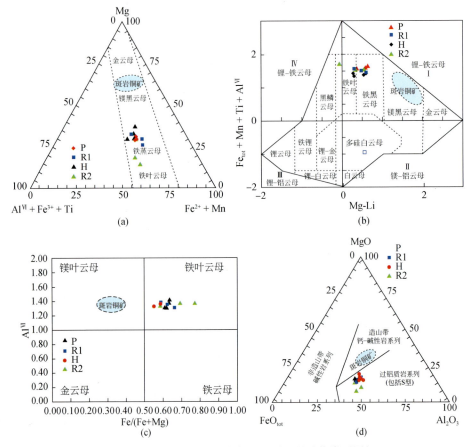

图 5.3　大湖塘钨矿田蚀变与原生黑云母矿物类型图解

（a）Mg–（Fe^{2+}+Mn）–（Al^{VI}+Fe^{3+}+Ti）三角图底图据 Foster（1960）；（b）黑云母化学组成图（Mg-Li）–（Fe_{tot}+Mg+Ti-Al^{VI}）底图据 Tischendorf 和 Gottesmann（1997）；（c）黑云母的 Fe/（Fe+Mg）–Al^{VI} 底图据 Deer 等（1992）；（d）黑云母 MgO–FeO_{tot}–Al_2O_3 三角图，底图据 Abdelrahman（1994）。斑岩铜矿数据据 Afshooni 等（2013）、Einali 等（2014）、Parsapoor 等（2015）。P–新鲜花岗闪长岩中原生黑云母；R1–花岗闪长岩中的热平衡黑云母；H–黑云母化的闪长岩中的热液黑云母；R2–云英岩化的似斑状黑云母花岗岩中的热平衡黑云母

　　热平衡黑云母（R1）和热液蚀变黑云母（H）具有相对高的 Al_2O_3 含量，而黑云母花岗闪长岩原生黑云母的 Al_2O_3 最低 ［图 5.4（a）］。主量元素 K_2O 含量具有原生黑云母到热液蚀变黑云母不断升高的趋势 ［图 5.4（b）］。原生黑云母花岗闪长岩的黑云母具有相对热平衡黑云母（质量分数为 3.82% ~ 4.9%）较高的 TiO_2 含量（质量分数为 3.08% ~ 3.12%）［图 5.4（c）］。TiO_2 含量的减少与热液蚀变关系密切，热液蚀变使得黑云母在交代蚀变过程中析出金红石等矿物（Robert，1976）。

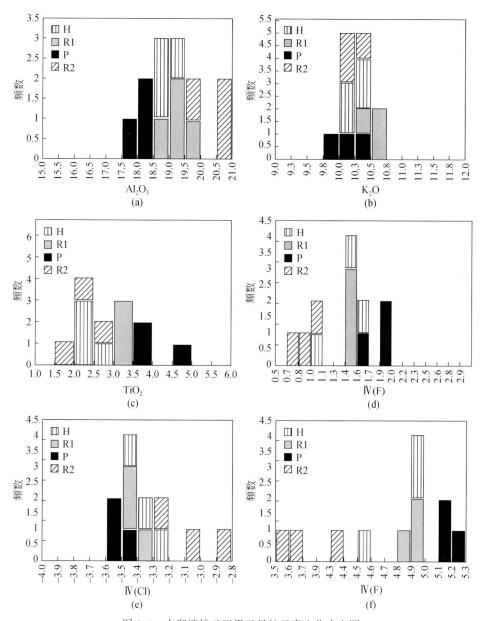

图 5.4　大湖塘钨矿田黑云母的元素变化直方图

P-新鲜花岗闪长岩中原生黑云母；R1-花岗闪长岩中的热平衡黑云母；

H-黑云母化的闪长岩中的热液黑云母；R2-云英岩化的似斑状黑云母花岗岩中的热平衡黑云母

研究区黑云母的 F 和 Cl 元素组成包括 Ⅳ（Cl）、Ⅳ（F）、Ⅳ（F/Cl）、lg（f_{HF}/f_{HCl}）、lg（f_{H_2O}/f_{HCl}）和 lg（f_{H_2O}/f_{HF}）等依据 Munoz（1984，1992）的计算方法进行相关参数的计算（表 5.2）。从表中可以看出其中 X_{Mg}、X_{sid} 和 X_{ann} 的值

是用来计算Ⅳ（F）、Ⅳ（Cl）和Ⅳ（F/Cl）的关键，依据 Munoz（1984）的计算公式：

$$Ⅳ(F)_{Biotite} = 1.52X_{Mg} + 0.42X_{ann} + 0.20X_{sid} - \lg(X_F/X_{OH}) \tag{5.1}$$

$$Ⅳ(Cl) = -0.501 - 1.93X_{Mg} - \lg(X_{Cl}/X_{OH}) \tag{5.2}$$

$$Ⅳ(F/Cl) = Ⅳ(F) - Ⅳ(Cl) \tag{5.3}$$

从公式中可以看出Ⅳ（F）和Ⅳ（Cl）的值分别与 X_F 和 X_{Cl} 呈正相关，其参数值对流体中微量 F 和 Cl 的变化具有十分灵敏的反应（Munoz，1984）。Ⅳ（Cl）值通常是正值，高的正值反映高 Cl 富集（Yavuz，2003）。Ⅳ（F/Cl）值则在热液中变化范围大，但两者都可以对流体成分准确把握（Yavuz，2003）。

F 在黑云母中的分布与 Mg/Fe 值呈函数关系。Ⅳ（F）、Ⅳ（Cl）和Ⅳ（F/Cl）在大湖塘钨矿田围岩黑云母中的总含量（1.033～1.897、-3.3285～-3.544和4.318～5.417）（表5.2）。将其与典型斑岩铜矿、Sn-W-Be 矿区等热液矿区黑云母的卤族元素含量对比，显示其与世界上大多数钨锡矿区类似，但Ⅳ（F）特征更接近斑岩铜矿特征，Ⅳ（Cl）则是更具有钨锡矿区的特征，而Ⅳ（F/Cl）则更接近斑岩钼矿的特征（图5.5）。

大湖塘钨矿田热液成因黑云母的成分反映了碱性热液为富 F 的流体。F 的相对富集，抑制了白钨矿的沉淀，同时促进了石英的溶解去硅的过程（刘英俊和马东升，1987）。

5.2.2　黑云母地质温度计

黑云母中 Ti 含量与温度呈函数关系，因此可以通过黑云母中 Ti 含量进行黑云母的形成温度估算，从而反映岩石或是热液蚀变流体的相应温度（Douce，1993）。我们选用 Henry（2005）黑云母中 Ti 含量温度计算公式，来进行黑云母沉淀形成的温度估算［式（5.4）］。大湖塘钨矿田围岩中不同类型黑云母花岗岩中黑云母的 Ti 地质温度计计算相关参数和数值从表2.3中可以看出，$X_{Mg} = 0.275～1.000$，$Ti = 0.04～0.60apfu$，$T = 480～800℃$ 和 $P = 400～600MPa$。

$$T = ([\ln(Ti) - a - c(X_{Mg})/b])^{0.33} \tag{5.4}$$

参数值：$a = 2.3594$；$b = 4.6482 \times 10^{-9}$；$c = -1.7283$。

大湖塘钨矿田不同类型黑云母的计算形成温度，其中黑云母花岗闪长岩的原生黑云母形成温度为 600～650℃，而热平衡黑云母的温度为 550～560℃，而热液成因黑云母的温度为 450～510℃（表5.2）。由此可以看出，大湖塘钨矿田的碱交代特别是外带的钾交代作用的形成温度范围可能为 350～550℃（表5.2）。同样结合已有的石英（石英大脉、云英岩化及硅化等蚀变）的流体包裹体的均一温度研究，厘定了大湖塘钨矿田的酸性蚀变温度区间为 160～440℃（徐国辉，2013；张婉婉，2013；阮昆等，2015b）。因而大湖塘钨矿田蚀变流体演化的温度

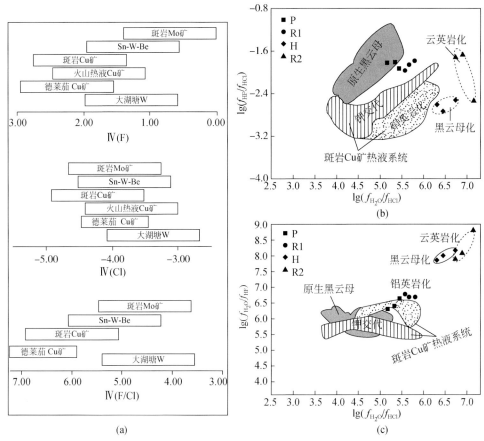

图 5.5　大湖塘钨矿田与典型斑岩铜矿、Sn-W-Be 矿区等热液矿区的黑云母的卤族元素含量对比图

P-新鲜花岗闪长岩中原生黑云母；R1-花岗闪长岩中的热平衡黑云母；H-黑云母化的闪长岩中的热液黑云母；R2-云英岩化的似斑状黑云母花岗岩中的热平衡黑云母。（a）数据来源于 Munoz（1984），Darreh-Zar Cu 矿数据来源于 Parsapoor 等（2015）。（b）和（c）斑岩 Cu 矿热液系统数据来源于唐攀等（2017）、Parsapoor 等（2015）、Afshooni 等（2013）、Ayati 等（2008）、Boomeri 等（2010）、De Albuquerque（1973）、Selby 和 Nesbitt（2000）

变化过程，基本厘定清楚，特别是高温碱性蚀变温度的初步确定，为大湖塘流体演化机制提供了重要的研究基础。

5.3　稳定同位素特征

5.3.1　氢-氧同位素

通过测定石英的 δD_{V_SMOW} 值，所测得的值是石英矿物的氧同位素组成，而非

石英包裹体中流体的氧同位素组成，本身石英包裹体中流体的氧同位素与石英达到同位素分馏平衡，因此可以通过石英-水氧同位素分馏方程（Clayton et al.，1972）来计算石英包裹体流体中的 $\delta^{18}O_{H_2O}$ 值：

$$\delta^{18}O_{H_2O} = \delta^{18}O_{V\_SMOW} - (3.38 \times 10^6/T^2 - 2.9) \qquad (5.5)$$

其中，$T = t + 273.15\,℃$，t 为流体包裹体的均一温度平均值。石英中的流体包裹体水 δD_{V_SMOW} 和计算的 $\delta^{18}O_{H_2O}$ 值代表了石英圈闭时成矿流体的氢-氧同位素组成（表 5.3）。

根据中石英大脉型矿体中的石英的氢-氧同位素组成分析（表 5.3），结果显示大雾塘矿区的石英脉的氢同位素组成变化范围非常小，δD_{V_SMOW} 值为 -71.3‰～ -65.4‰，为正常岩浆水的范围（-80‰～-50‰）（郑永飞和陈江峰，2000），平均值为 -67.2‰；昆山与石门寺的石英样品的氢同位素组成与大雾塘的较为相似，昆山 δD_{V_SMOW} 值为 -72.5‰～ -65.9‰，平均值为 -69.8‰；石门寺 δD_{V_SMOW} 值为 -76‰～ -64‰，平均值为 -70.8‰。大雾塘石英包裹体流体氧同位素组成变化范围较小，$\delta^{18}O_{H_2O}$ 值为 1.61‰～3.65‰，平均值为 2.65‰，均偏离岩浆水的变化范围（5.5‰～9.5‰）（杜玉雕，2012）；昆山与石门寺的石英包裹体流体氧同位素组成与大雾塘的有一定的差别，昆山 $\delta^{18}O_{H_2O}$ 值为 -1.14‰～1.66‰，平均值为 0.31‰；石门寺 $\delta^{18}O_{H_2O}$ 值为 4.5‰～7.3‰，平均值为 5.43‰。

表 5.3　大湖塘各矿区流体包裹体氢-氧同位素组成

矿区名称	样品编号	测试矿物	$\delta D_{V\text{-}SMOW}$/‰	$\delta^{18}O_{V\text{-}SMOW}$/‰	t/℃	$\delta^{18}O_{H_2O}$/‰	资料来源
大雾塘	14DWTK-04	石英	-67.8	14.0	214.7	2.70	江超强，2016
	14DWTK-07	石英	-70.9	13.5	214.7	2.20	
	14DWTK-23	石英	-65.6	14.1	230.0	3.65	
	14DWTK-25	石英	-70.9	13.8	214.7	2.50	
	14DWTK-31	石英	-59.0	11.2	235.0	1.61	
	14DWTK-34	石英	-66.6	12.9	225.0	2.18	
	14DWTK-45	石英	-65.4	13.1	233.0	2.81	
	14DWTZ-103	石英	-71.3	14.2	227.0	3.59	
昆山	14KS-04	石英	-72.5	11.7	210.3	0.14	江媛媛，2016
	14KS-17	石英	-72.4	10.9	200.4	-1.27	
	14KS-25	石英	-65.9	12.6	228.6	2.07	
	14KS-51	石英	-70.1	13.4	200.4	1.23	
	14KS-53	石英	-68.4	13.1	200.4	0.93	
	14KS-68	石英	-69.2	10.6	232.5	0.28	

矿区名称	样品编号	测试矿物	$\delta D_{\text{V-SMOW}}/‰$	$\delta^{18}O_{\text{V-SMOW}}/‰$	$t/℃$	$\delta^{18}O_{H_2O}/‰$	资料来源
石门寺	SMS09	石英	−69.0	12.7	—	5.30	王辉等, 2015
	SMS10	石英	−64.0	12.4	—	5.00	
	SMS14	石英	−72.0	12.3	—	4.90	
	SMS17	石英	−76.0	12.9	—	5.50	
	SMS21	石英	−70.0	12.1	—	4.70	
	SMS24	石英	−67.0	11.9	—	4.50	
	SMS27	石英	−75.0	13.2	—	5.80	
	SMS28	石英	−72.0	12.9	—	5.50	
	SMSPD2−04	石英	−66.0	14.7	—	7.30	
	SMSPD2−07	石英	−72.0	12.2	—	4.80	
	SMSPD2−09	石英	−76.0	13.8	—	6.40	
	SMSPD2−10	石英	−71.0	12.8	—	5.40	

在 δD-$\delta^{18}O_{H_2O}$ 关系图中（图 5.6），大雾塘 8 件石英样品既不落在岩浆水区域，也不落在大气降水线附近，而均落在岩浆水区域的左侧。根据前人的研究表明，影响成矿流体氢-氧同位素组成的因素很多，主要有成矿温度、水的种类、水岩交换时的 W/R 值等。众所周知，石英属于含氧矿物，容易与其包裹体中的水发生同位素平衡再交换反应，造成所测定的包裹体氧同位素组成不能完全反映原始含矿溶液中的 $\delta^{18}O_{H_2O}$ 值，而石英中几乎不含氢原子，所以交换作用对流体包裹体中氢同位素组成造成的影响很小（丁悌平，1980）。

大雾塘钨矿区的主要赋矿围岩为晋宁期花岗闪长岩与燕山期花岗岩，虽然也有含氢矿物，但含氢矿物占岩石比例非常低，如果发生水岩交换反应，也不会产生很大的影响，可以忽略不计（真允庆，1998），因此，$\delta^{18}O_{H_2O}$ 值代表了原始溶液的氢同位素组成。在时间上，燕山期花岗岩成岩年龄为 130~144Ma，与成矿年龄基本一致（刘南庆等，2014；蒋少涌等，2015），所以推测原始热液主要来自燕山期花岗岩岩浆水。而 $\delta^{18}O_{H_2O}$ 值有向大气降水线方向漂移的趋势，说明在成矿流体演化过程中有大气降水的加入，造成了氧同位素向大气降水的漂移。以上研究表明大雾塘钨矿成矿流体为岩浆水与大气降水混合形成。

在 δD-$\delta^{18}O_{H_2O}$ 关系图中（图 5.6），我们可以看到，大湖塘矿田内三个矿区的成矿流体具有一个明显的特点：在矿区地理位置上，从北到南依次分布着石门寺、大雾塘、昆山三个矿区，而它们的氧同位素组成依次有序地降低，石英样品氢、氧同位素组成投点具有非常明显的向雨水线方向漂移的趋势。这种现象可能反映了石门寺、大雾塘、昆山三矿区成矿深度越浅越靠近地表，从而导致成矿流体混入的大气降水依次增加。

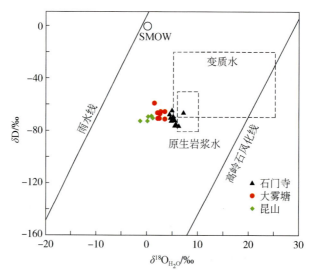

图 5.6　大雾塘矿区成矿流体 δD-δ¹⁸O$_{H_2O}$ 图解（据江超强，2016）

5.3.2　碳-氧同位素

根据热液系统中的碳同位素组成可示踪碳的来源，进而可进行成矿作用等方面的研究。大湖塘各矿区方解石的碳-氧同位素组成见表 5.4，表中将前人对石门寺钨矿区中的碳-氧同位素数据进行了整理。大湖塘各矿区石英脉中两件方解石的 $\delta^{13}C_{PDB}$ 值为 -13.20‰ ~ -11.90‰，明显高于 -20‰，而又低于 -9‰，$\delta^{18}O_{SMOW}$ 值为 15.60‰ ~ 16.94‰。

表5.4　大湖塘各矿区方解石碳-氧同位素组成

矿区	样品编号	测试矿物	$\delta^{13}C_{PDB}$/‰	$\delta^{18}O_{PDB}$/‰	$\delta^{18}O_{SMOW}$/‰	资料来源
石门寺	CO-1	方解石	-7.19	-17.57	12.75	项新葵等，2013b
	CO-2	方解石	-7.62	-18.78	11.50	
	CO-3	方解石	-15.78	-9.86	20.70	
	CO-4	方解石	-7.37	-21.40	8.80	
	CO-5	方解石	-7.31	-25.69	4.38	
	CO-6	方解石	-15.92	-13.47	16.97	
	CO-7	方解石	-7.89	-19.77	10.48	
	CO-8	方解石	-7.55	-20.55	9.68	
	CO-9	方解石	-7.11	-20.19	10.05	

矿区	样品编号	测试矿物	$\delta^{13}C_{PDB}$/‰	$\delta^{18}O_{PDB}$/‰	$\delta^{18}O_{SMOW}$/‰	资料来源
石门寺	Y23	方解石	−7.17	−17.77	12.54	阮昆等，2015a
	Y24	方解石	−6.33	−21.06	9.15	
	Y25	方解石	−11.42	−14.09	16.34	
	Y29	方解石	−6.28	−19.71	10.54	
	Y30	方解石	−7.83	−16.84	13.50	
	Y32	方解石	−6.53	−18.63	11.66	
	Y33	方解石	−6.71	−16.87	13.47	
	Y34	方解石	−5.98	−18.38	11.91	
	Y36	方解石	−5.76	−18.71	11.57	
	Y38	方解石	−6.80	−18.46	11.83	
	Y46	方解石	−6.28	−18.90	11.38	
	Y49	方解石	−7.81	−18.01	12.29	
	Y60	方解石	−6.92	−23.02	7.13	
大雾塘	14DWTK-31	方解石	−13.20	−14.80	15.60	江超强，2016
	14DWTK-34	方解石	−11.90	−13.50	16.94	

将样品碳-氧同位素组成投影在方解石 $\delta^{13}C_{PDB}$-$\delta^{18}O_{SMOW}$ 图解上发现，石门寺样品绝大多数落在花岗岩及低温蚀变区域，几件落在有机质氧化作用区域，而大雾塘矿区两件样品均落在有机质氧化作用区域（图 5.7），其原因可能是地幔或深源流的甲烷向上运移的过程中，发生强烈的同位素分馏，轻的同位素在气体柱的顶部富集，并被氧化为二氧化碳，进一步沉淀形成方解石（项新葵等，2013b；阮昆等，2015a）。另外，显微激光拉曼光谱显示大雾塘流体包裹体气相成分含有较多的 CH_4 与少量的 CO_2。表明大雾塘矿区成矿流体中的碳是深源甲烷转化而来，可能来源于下地壳或上地幔。

5.3.3　硫同位素

大湖塘钨矿田各矿区矿石中硫化物的硫同位素分析结果列于表 5.5 中。研究区矿石的金属硫化物的 $\delta^{34}S_{CDT}$ 具有总体分布范围较窄的特征，集中在−3.5‰~2.8‰，平均为−1.01‰，具典型的岩浆热液流特征。其中石门寺、大雾塘、狮尾洞和莲花芯四矿区的 $\delta^{34}S_{CDT}$ 具有更窄的分布范围，为−3.5‰~0.5‰，平均为−1.5‰，总体呈塔式分布（图 5.8），而昆山的硫同位值偏正，集中在 0.75‰~2.75‰，矿田范围内硫同位素来源有细微的差异（图 5.8）。

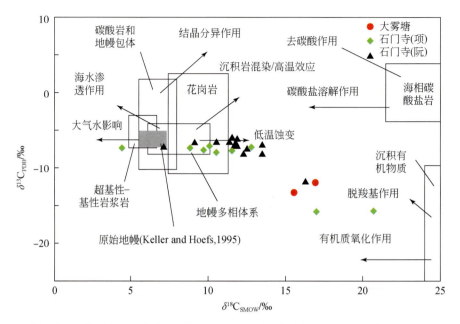

图 5.7 大湖塘各矿区方解石 $\delta^{13}C_{PDB}$–$\delta^{18}O_{SMOW}$ 图解（底图据项新葵等，2013b）

表 5.5 大湖塘钨矿田矿区硫同位素组成

矿区	样品	编号	$\delta^{34}S_{CDT}/‰$	参考文献
石门寺	黄铜矿	Y08	-0.5	阮昆等，2015a
	辉钼矿	Y12	-0.8	
	黄铜矿	Y40-1	-1.0	
	黄铜矿	Y40-2	-0.4	
	黄铜矿	Y42-2	-1.4	
	黄铜矿	Y43	-0.6	
	黄铜矿	Y61-2	-0.2	
	辉钼矿	Y62-1	-1.3	
	黄铜矿	Y62-2	0.2	
	黄铜矿	Y63	-0.5	
	黄铜矿	Y66	-0.1	
	黄铜矿	Y67-2	-1.2	
	黄铜矿	Y68	-1	
	辉钼矿	Y76-1	-0.9	
	黄铜矿	Y76-2	-1.7	
	辉钼矿	Y31-1	-1.1	

矿区	样品	编号	$\delta^{34}S_{CDT}/‰$	参考文献
石门寺	黄铜矿	Y31-2	-1.8	阮昆等，2015a
	黄铜矿	Y50-2	-1.3	
	黄铜矿	Y51	-1.9	
	黄铜矿	Y52	-1.5	
	黄铜矿	Y54	-0.7	
	辉钼矿	Y55-1	-1.2	
	黄铜矿	Y55-2	-2.2	
	黄铜矿	Y57	-0.9	
	黄铜矿	Y58	-0.4	
	黄铜矿	Y59	-2.6	
大雾塘	黄铜矿	D108-2-127	-0.87	张婉婉，2013
	黄铜矿	D108-2-45	-0.92	
	斑铜矿	D108-2-149	0.44	
	辉钼矿	D11-5-124	-1.13	徐国辉，2013
	辉钼矿	DH-7	-1.63	
	辉钼矿	DH-10	-1.76	
	辉钼矿	DH-17	-2.29	
	辉钼矿	DH-40	-1.55	
	辉钼矿	14DWTK05	1.0	江超强，2016
	黄铁矿	14DWTK05	-4.8	
狮尾洞	黄铜矿	DH-12	-1.42	徐国辉，2013
	辉钼矿	DH-13	-2.13	
	铜蓝	DH-16	-1.65	
	黄铜矿	DH-21-1	-0.72	
	辉钼矿	DH-22	-1.40	
	辉钼矿	DH-23-1	-1.96	
	黄铜矿	DH-23-2	-0.51	
	辉钼矿	DH-39-1	-1.68	
	铜蓝	DH-39-2	-0.76	
	铜蓝	DH-41	-0.73	
莲花芯	黄铁矿	LHX009-3	-2.0	韦新亚，2012
	黄铁矿	LHX015-1	-1.6	

矿区	样品	编号	$\delta^{34}S_{CDT}/‰$	参考文献
	黄铁矿	LHX026-1-2	−3.3	
	黄铁矿	LHX029-2-1	−2.6	
	黄铁矿	LHX029-2-3	−2.1	
	黄铁矿	LHX052-1-2	−2.2	
	黄铁矿	LHX057	−0.9	
	黄铁矿	LHX063-1	−1.7	
	黄铁矿	LHX098-2-1	−3.3	
	黄铁矿	LHX098-2-2	−1.8	
	黄铁矿	LHX106-1-1	−1.3	
	黄铁矿	LHX116-3	−2.3	
	黄铁矿	LZ015	−1.2	
	辉钼矿	LHX015-2	−1.5	
	辉钼矿	LHX029-2-2	−1.5	
	辉钼矿	LHX052-1-3	−1.0	
莲花芯	辉钼矿	LHX060-2	−1.4	韦新亚, 2012
	辉钼矿	LHX063-2	−2.8	
	辉钼矿	LHX116-1	−2.0	
	辉钼矿	LHX117-1	−0.7	
	黄铜矿	LHX020	−1.5	
	黄铜矿	LHX026-1-1	−2.8	
	黄铜矿	LHX029-1	−2.3	
	黄铜矿	LHX026-4-1	−1.6	
	黄铜矿	LHX052-1-1	−1.6	
	黄铜矿	LHX060-1	−1.3	
	黄铜矿	LHX026-4-2	−1.9	
	黄铜矿	LHX106-1-2	−3.2	
	黄铜矿	LHX116-2	−1.7	
	黄铜矿	LHX117-2	−2.1	
	黄铜矿	LZ056	−2.4	
	黄铜矿	14KS17	0.8	
昆山	辉钼矿	14KS38	1.4	江超强, 2016
	黄铁矿	14KS-06	3.9	

续表

矿区	样品	编号	$\delta^{34}S_{CDT}/‰$	参考文献
昆山	黄铁矿	14KS-07	2.2	江超强，2016
	黄铁矿	14KS-25	2.2	
	黄铁矿	14KS-36	2.0	
	黄铁矿	14KS-71-2	-3.5	
	黄铜矿	14KS-05	0.9	
	黄铜矿	14KS-10	1.1	
	辉钼矿	14KS-04-1	2.6	
	辉钼矿	14KS-05	1.7	
	辉钼矿	14KS-29	1.8	
	辉钼矿	14KS-42	1.5	
	辉钼矿	14KS-45	2.4	

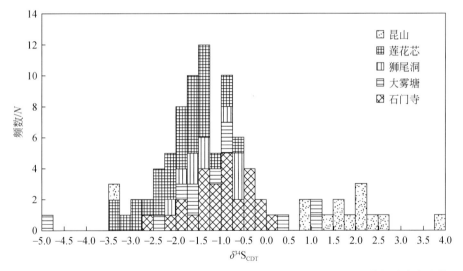

图 5.8　大湖塘钨矿田硫化物的硫同位素直方图（数据来源于表 5.6 及其相关参考文献）

大湖塘钨矿田的成矿流体中 $\delta^{34}S_{SDT}$ 值与岩浆热液矿区中硫化物 $\delta^{34}S_{SDT}$ 值相似（Field and Gustafson，1976；Shelton and Rye，1982），显示其岩浆热液矿区硫的特点。与幔源硫的特征（0‰~3‰）接近但有差异（Ohmoto，1996）。研究区的硫明显相对幔源硫富集轻硫，与典型的岩浆气化热液矿床的硫同位素特征相似（孟祥金等，2006；冷成彪等，2008；周雄等，2012；郎兴海等，2012；王辉等，2015；龙灵利等，2015；张勇等，2016b）。因而研究区成矿流体的硫主要来源于深源岩浆。

5.3.4　铅同位素

大湖塘钨矿田典型矿石矿物和相关岩体的铅同位素分析测试及相关参数计算结果（表 5.6）显示其铅同位素特征如下：

1）矿石铅同位素

矿石中辉钼矿铅同位素组成：$^{208}Pb/^{204}Pb = 38.322 \sim 38.442$，平均为 38.384；$^{207}Pb/^{204}Pb = 15.617 \sim 15.671$，平均为 15.632；$^{206}Pb/^{204}Pb = 18.151 \sim 18.718$，平均为 18.303。$\mu$ 值为 $9.52 \sim 9.57$，平均为 9.54；ω 值为 $35.6 \sim 37.9$，平均为 37.2，模式年龄变化范围大，为 $32 \sim 378$Ma。

2）晋宁期黑云母花岗闪长岩铅同位素

晋宁期黑云母花岗闪长岩铅同位素组成：$^{208}Pb/^{204}Pb = 38.590 \sim 38.912$，平均为 38.748；$^{207}Pb/^{204}Pb = 15.672 \sim 15.691$，平均为 15.679；$^{206}Pb/^{204}Pb = 18.877 \sim 19.159$，平均为 18.988。$\mu$ 值为 $9.56 \sim 9.58$，平均为 9.567；ω 值为 $34.2 \sim 36.6$，平均为 35.5，模式年龄为负值。

表 5.6　大雾塘钨矿区铅同位素特征

样品编号	DH-7	DH-10	DH-17	DH-40	DH-38	DH-1	DH-3	DH-15	DH-27	DH-19	DH-2	DH-11
样品描述	辉钼矿	辉钼矿	辉钼矿	辉钼矿	辉钼矿	燕山期（似）斑状花岗岩	燕山期（似）斑状花岗岩	燕山期（似）斑状花岗岩	燕山期（似）斑状花岗岩	晋宁期黑云母花岗岩	晋宁期黑云母花岗岩	晋宁期黑云母花岗岩
$^{206}Pb/^{204}Pb$	18.237	18.195	18.214	18.151	18.718	19.350	19.629	19.312	19.290	18.927	19.159	18.877
$^{207}Pb/^{204}Pb$	15.631	15.617	15.620	15.620	15.671	15.689	15.698	15.676	15.680	15.674	15.691	15.672
$^{208}Pb/^{204}Pb$	38.355	38.322	38.416	38.384	38.442	38.564	38.579	38.538	38.554	38.743	38.590	38.912
$^{206}Pb/^{207}Pb$	1.1667	1.1651	1.1661	1.162	1.1944	1.2333	1.2504	1.2319	1.2302	1.2075	1.221	1.2045
t/Ma	330	343	333	378	32	负值	负值	负值	负值	负值	负值	负值
μ	9.54	9.52	9.53	9.53	9.57	9.56	9.56	9.54	9.55	9.56	9.56	9.58
ω	37.4	37.4	37.7	37.9	35.6	33.2	32.1	33.1	33.3	35.7	36.6	34.2
Th/U	3.80	3.80	3.83	3.85	3.60	3.36	3.25	3.36	3.38	3.62	3.71	3.45
V1	53.5	51.6	54.3	52.0	67.9	88.4	95.9	86.8	86.6	136.3	139.1	138.8
V2	46.2	44.2	44.1	41.4	69.7	100.6	114.4	98.8	97.6	116.7	112.1	130.8
$\Delta\alpha$	61.1	58.7	59.8	56.1	89.1	127.4	143.6	125.2	123.9	162.8	159.7	177.0
$\Delta\beta$	19.9	19.0	19.2	19.2	22.6	23.8	24.4	23.0	23.2	27.0	26.9	28.1
$\Delta\gamma$	29.5	28.7	31.2	30.3	31.9	35.9	36.3	35.2	35.7	71.9	76.6	67.7

3）燕山期（似）斑状白云母花岗岩铅同位素

燕山期（似）斑状白云母花岗岩铅同位素组成：$^{208}Pb/^{204}Pb = 38.538 \sim$ 38.579，平均为 38.559；$^{207}Pb/^{204}Pb = 15.676 \sim 15.698$，平均为 15.686；$^{206}Pb/^{204}Pb =$ 19.290～19.629，平均为 19.395。μ 值为 9.54～9.56，平均为 9.55；ω 值为 32.1～ 33.3，平均为 32.9，模式年龄为负值。矿石的铅同位素比值与燕山期花岗岩基本一致，都比晋宁期花岗闪长岩明显偏低。

通过计算得出 μ 值的不同代表铅的来源不同，地幔原始铅的 μ 值为 7.3～8.0（朱上庆和郑明华，1991）；而地幔铅和造山带铅的 μ 平均值，分别为 8.92 和 10.87（Barnes，1997）。大雾塘钨矿区矿物铅同位素的 μ 值为 9.52～9.57，介于造山带铅和地幔原始铅的值之间。研究区典型矿区的矿物 Th/U 为 3.60～3.85，平均为 3.78，与全球上地壳 Th/U 平均值为 3.88（Zartman and Doe，1981）接近，表明大雾塘钨矿区成矿物质来源于地壳。大雾塘矿区成矿与构造环境转变关系密切，其具体过程为燕山期斑状花岗岩形成于造山前幔源岩浆底侵作用和构造伸展作用，具有类洋岛火山岩的形成环境，而成矿作用在发生转变，并进入造山阶段。

研究表明，$\Delta\alpha$-$\Delta\beta$-$\Delta\gamma$ 三参数法（朱炳泉，1998，2001；张乾等，2000；吴开兴等，2002），对于地质作用过程中的物质来源能提供更加丰富可靠的信息，其中$^{206}Pb/^{204}Pb$ 对成矿时代具有灵敏的反应。研究区矿石的 $\Delta\alpha$-$\Delta\beta$ 呈线性相关 [图5.9（a）]，而晋宁期花岗岩到燕山期花岗岩，再到矿石具有线性相关的特

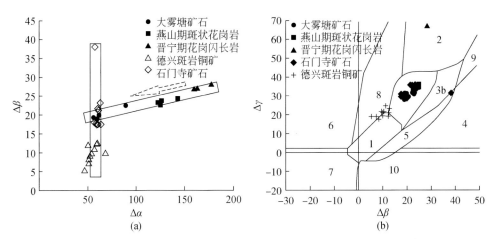

图 5.9　大雾塘钨矿区矿石铅同位素的 $\Delta\alpha$-$\Delta\beta$-$\Delta\gamma$ 三参数图（底图据朱炳泉，1998）

1-地幔源铅；2-上地壳铅；3-上地壳与地幔混合的俯冲带铅（3b-沉积作用）；4-化学沉积型铅；5-海底热水作用铅；6-中深变质作用铅；7-深变质下地壳铅；8-造山带铅；9-古老页岩上地壳铅；10-退变质铅。石门寺矿石来源于项新葵等（2013b）；德兴斑岩铜矿矿石铅同位素数据来源于周清等（2013）

点，且两者具同源岩浆序列演化的特征。而同时代的德兴铜矿矿石铅在图中具有同一 $\Delta\alpha$ 值的特征，因而此模型图解，特别是 $\Delta\beta$ 值的大小显示相对铅来源深度的意义。最能反映源区变化的是 $^{207}\mathrm{Pb}/^{204}\mathrm{Pb}$ 和 $^{208}\mathrm{Pb}/^{204}\mathrm{Pb}$（吴开兴等，2002）。根据不同类型岩石铅和已知成因的矿石铅资料，给出了不同成因类型矿石铅的 $\Delta\gamma$–$\Delta\beta$ 变化范围（朱炳泉，1998）。大雾塘钨矿区成矿的铅同位素都是来源于岩浆作用的上地壳与地幔混合的俯冲带铅，与矿区斑状花岗岩的源区相同（图5.10）。

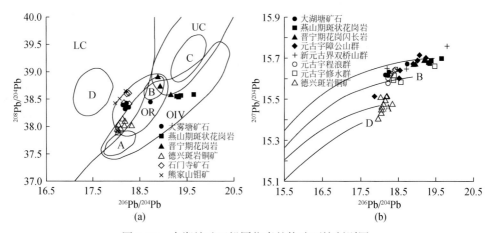

图5.10　大湖塘矿田铅同位素的构造环境判别图

A-地幔；B-造山带；C-上地壳；D-下地壳；UC-上地壳；LC-下地壳；OIV-洋岛火山岩；OR-造山带；其中（a）中A、B、C、D为各区域样品集中区（Zartman and Doe，1981）。图中的引用数据部分，熊家山矿石来源于张勇等（2014）；石门寺矿石来源于项新葵等（2013b）；德兴斑岩铜矿矿石铅同位素数据来源于周清等（2013）；元古宙地层铅同位素数据来自张海祥等（2000）

　　大雾塘钨矿区的矿石铅同位素与石门寺钨矿区和熊家山钼矿区具有相似的同位素特征，通过全方位对比办法，研究认为大湖塘矿田的矿石铅同位素具有地幔铅和地层铅的混合特征（图5.11），以地壳铅为主，部分地幔铅的加入，与成矿关系密切的燕山期斑状花岗岩也具有类似的特征。因而研究区的成岩和成矿物质来源具有混合铅源的特征，这与 Zartman 等（1981，1988）铅构造模式图的结果一致 [图5.9（b）]。对硫同位素特征研究，推断第二期成矿流体由于构造环境的转变，与研究区有幔源物质作用的结果相吻合。

　　大雾塘钨矿区燕山期斑状花岗岩、晋宁期花岗岩和矿石铅都属于华南铅 [图5.11（b）]。且大部分来源于元古宇程浪群和修水群或者是二者的部分熔融产物。由于大雾塘钨矿区的多世代岩浆演化，最早期的晋宁期岩浆的形成与元古宇地层具有十分相似的铅同位素组成，其部分熔融过程中继承了原岩的铅同位素。而到燕山期，燕山期酸性花岗岩的成因演化过程中分出来的流体与元古宇地层变

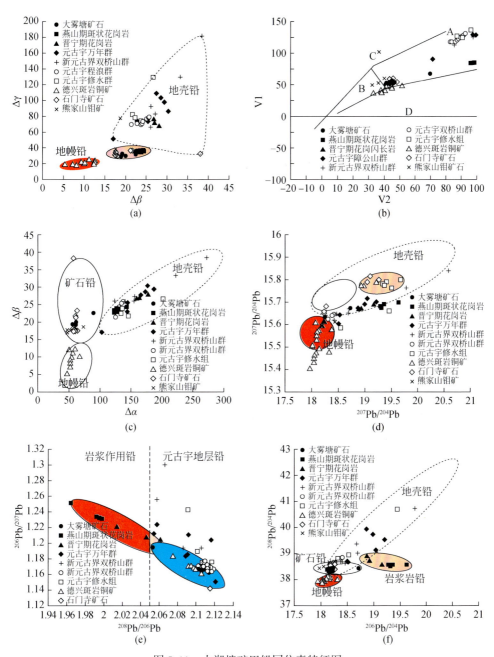

图 5.11　大湖塘矿田铅同位素特征图

图中的引用数据部分，其中熊家山矿石来源于张勇等（2014）；石门寺矿石来源于项新葵等（2013b）；
德兴斑岩铜矿矿石铅同位素数据来源于周清等（2013）；元古宇地层铅同位素数据来自张海祥等（2000）；
A–华南；B–扬子；C–华北；D–北疆；底图据朱炳泉（2001）

质作用过程中释放出来的流体，共同组合矿区的成矿流体。此过程中成矿流体的铅元素继承了燕山期分异演化的铅（岩浆作用铅）和元古宇地层铅的特征，但同时铅同位素中的^{232}Th（^{208}Pb 由 ^{232}Th 衰变而成）的含量明显低于两者 [图 5.9(f)]，具有幔源的特征，因此大雾塘矿区的成矿流体具有幔源流体的加入，这与硫同位素的研究结果吻合。

综合铅同位素的特征可以看出，大雾塘钨矿区成矿流体的铅源以来自元古宇地层的程浪群和修水群为主，而非双桥山群，同时部分幔源铅的加入，导致研究区铅同位素特征具有壳源的特征又有幔源的特征，特别是幔源^{232}Th 的加入是其典型特征。大雾塘钨矿区成矿流体与燕山期斑状花岗岩的铅同位素特征相似，具有相同的源区。

第6章 蚀变流体地球化学模型

6.1 成岩与成矿作用的时空关系

通过对大湖塘钨矿田已有的 Re-Os 年龄测试数据重新整理，并进行投图，分别进行等时线和加权平均，矿田由北向南，石门寺矿区辉钼矿 Re-Os 等时线年龄有 139.8±2.1Ma、143.7±2.5Ma 和 149.6±2.4Ma［表6.1，图6.1（a）~（c）］；大雾塘钨矿区辉钼矿 Re-Os 等时线年龄为 137.9±2.0Ma（张勇等，2017）；狮尾洞矿区辉钼矿 Re-Os 等时线年龄为 140.2±3.2Ma［图6.1（d）］；昆山钼铜矿辉钼矿 Re-Os 等时线年龄为 151.0±1.3Ma。由此可以看出，大湖塘钨矿田存在明显相对集中的两个成矿时代，其中早期为 150Ma 左右，以钼铜矿化为主，成矿作用规

表6.1 大湖塘矿田辉钼矿 Re-Os 同位素数据

	样品编号	样重/g	Re±2σ/10⁻⁶	普 O_s±2σ /10⁻⁹	^{187}Re±2σ /10⁻⁹	^{187}Os±2σ /10⁻⁹	模式年龄 t±2σ/Ma	参考文献
石门寺	PD401-1	0.05048	3.712±0.028	0.0053±0.0119	2333±18	5.502±0.050	141.4±2.0	丰成友等，2012
	PD401-2	0.05022	3.043±0.027	0.0053±0.0060	1913±17	4.522±0.037	141.7±2.0	
	PD401-3	0.05055	6.211±0.051	0.0053±0.0119	3904±32	9.334±0.12	143.3±2.4	
	PD401-4	0.05005	22.134±0.177	0.0053±0.0238	13912±112	33.29±0.32	143.5±2.1	
	PD401-5	0.05076	18.877±0.144	0.0053±0.0118	11864±91	28.55±0.30	144.3±2.2	
	PD401-6	0.05533	1.868±0.014	0.0048±0.0054	1174±9	2.778±0.023	141.8±2.0	
	DHT-1	0.10222	4.059±0.036		2551±23	5.994±0.050	140.9±2.1	Mao et al.，2013
	DHT-13	0.15423	2.417±0.024		1519±15	3.569±0.033	140.8±2.2	
	DHT-14	0.15045	2.508±0.022		1576±14	3.651±0.037	138.9±2.2	
	DHT-7	0.10100	7.879±0.062		4952±39	11.60±0.09	140.4±2.0	
	DHT-8	0.30124	0.5495±0.0057		345.4±3.6	0.8281±0.0082	143.8±2.4	
	SPbT-1		22.600±0.225	0.0039±0.0039	14205±141	35.48±0.29	149.7±2.3	项新葵等，2013a
	SPbT-2		0.955±0.008	0.0002±0.0005	600.5±5.1	1.488±0.013	148.5±2.2	
	SPbT-3		0.334±0.003	0.0066±0.0008	210.2±1.9	0.532±0.0049	151.8±2.3	
	SPbT-4		1.246±0.014	0.0002±0.0025	783±8.8	1.962±0.02	150.2±2.6	
	SPbT-5		0.864±0.007	0.0002±0.002	543.1±4.5	1.376±0.016	151.9±2.5	
	SPbT-6		7.193±0.080	0.0055±0.0025	4521±50	11.35±0.14	150.5±2.8	

	样品编号	样重/g	Re±2σ/10⁻⁶	普 O_s±2σ/ 10⁻⁹	¹⁸⁷Re±2σ/ 10⁻⁹	¹⁸⁷Os±2σ/ 10⁻⁹	模式年龄 t±2σ/Ma	参考 文献
大雾塘	DH-18	0.04939	4.232±0.036	0.0432±0.0198	2660±22	6.127±0.051	138.1±2.0	张勇等, 2017
	DH-7	0.10012	8.256±0.110	0.0117±0.0052	5189±69	11.94±0.011	138.0±2.5	
	DH-10	0.10086	2.477±0.021	0.0090±0.0057	1557±13	3.548±0.035	136.6±2.1	
	DH-17	0.10046	4.440±0.039	0.0058±0.0059	2790±24	6.444±0.055	138.4±2.0	
	DH-40	0.10096	0.3368±0.0043	0.0098±0.0025	211.7±2.7	0.4829±0.0079	136.8±3.0	
狮尾洞	DCM11-Mo04	0.20266	0.5328±0.0041	0.0003±0.0014	334.9±2.6	0.7864±0.0081	140.8±2.1	丰成友 等, 2012
	DCM11-Mo01	0.30163	1.519±0.011	0.0002±0.0010	954.7±7.0	2.221±0.018	139.5±1.9	
	DCM11-Mo02	0.22769	1.807±0.014	0.0009±0.0003	1136±9	2.689±0.026	141.9±2.1	
	DCM11-Mo03	0.30140	1.394±0.010	0.0010±0.0005	876.4±6.5	2.035±0.016	139.2±1.9	
	DCM11-Mo05	0.30050	0.641±0.0049	0.0002±0.0013	402.9±3.1	0.9328±0.0078	138.8±1.9	
	DCM11-Mo06	0.20232	0.6951±0.008	0.0081±0.0018	436.9±5.0	1.015±0.009	139.3±2.3	
昆山	KS02	0.00510	34.88±0.024	0.4087±0.0229	21920±150	55.15±0.33	150.8±2.0	张明玉 等, 2016
	KS03	0.00518	9.476±0.082	0.2671±0.0270	5956±52	14.79±0.09	148.9±2.2	
	KS04	0.00555	50.47±0.45	0.4027±0.0442	31720±290	79.69±0.50	150.6±2.2	
	KS06	0.00501	15.83±0.14	0.2035±0.0582	9950±87	24.80±0.17	149.4±2.2	
	KS07	0.00616	36.19±0.032	0.1703±0.0131	22750±200	56.88±0.39	149.9±2.2	

模和范围较小，集中在石门寺和昆山两个矿区，较晚期则持续时间相对较长，为140±2Ma，规模遍布全矿田，且成矿强度大。

　　成矿作用强度和规模，显示140Ma左右是大湖塘钨矿田的主成矿期。稍晚于燕山期细粒黑云母花岗岩的成岩时代（144Ma）（Mao et al.，2015），与其成岩作用关系密切（黄兰椿和蒋少涌，2012，2013；张雷雷，2013）。加之对已有钻探揭露接触关系的整理和厚度的统计，燕山期斑状花岗岩成岩的规模最大，且空间上大湖塘钨矿田的钨多金属矿体主要赋存在强蚀变的斑状花岗岩和花岗闪长岩（晋宁期）中，占总储量的90%以上，其矿体的赋存形态受斑状花岗岩珠侵入到花岗闪长岩形成内外带界面控制，侵入作用早期，形成强碱性蚀变带（黑云母化+

绢云母化），形成相对较小规模的矿化或矿体，后叠加稍晚期次的酸性蚀变（云英岩化+硅化），同时伴随着大规模矿物沉淀作用的发生，形成大型乃至超大型钨多金属矿体。

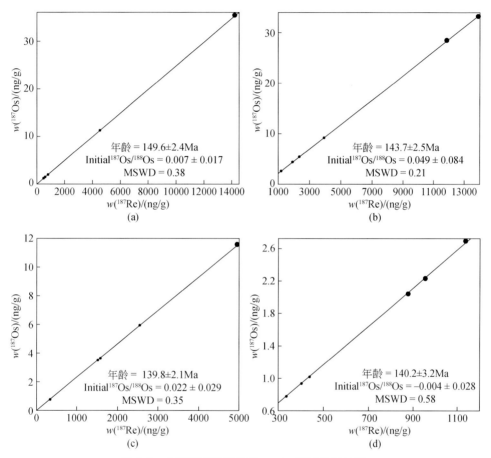

图 6.1　大湖塘矿田辉钼矿 Re-Os 等时线年龄图

（项新葵等，2013a；丰成友等，2012；Mao et al.，2013，使用 Isoplot4. 15 软件制图）

（a）石门寺矿区的 w（^{187}Os）-w（^{187}Re）图解；（b）石门寺矿区的 w（^{187}Os）-w（^{187}Re）图解；（c）石门寺矿区的 w（^{187}Os）-w（^{187}Re）图解；（d）狮尾洞矿区的 w（^{187}Os）-w（^{187}Re）图解

同时浸染型矿体主要赋存在细粒黑云母花岗岩中，显示相对斑状花岗岩后稍晚的成矿作用，但就其成岩时差来看，只是略晚于斑状花岗岩的成岩作用时间，其岩浆期后热液，是导致该矿田钨多金属成矿作用的关键。大湖塘钨矿田以成矿时间跨度大，持续时间长为特征，最早从 150Ma 左右开始，一直持续到晚期的 140Ma 左右（图 6.2，表 2.3），两期成矿为其重要的成矿作用特征（148 ~ 152Ma 和 138 ~ 142Ma）。

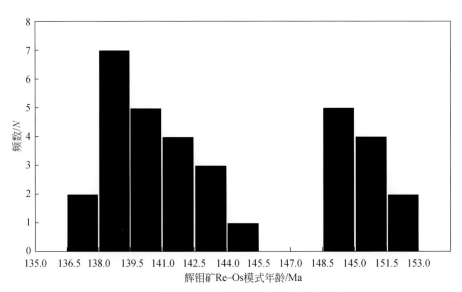

图 6.2　大湖塘钨矿田 Re-Os 模式年龄直方图

（狮尾洞和石门寺模式年龄来源于项新葵等，2013a；丰成友等，2012；Mao et al.，2013）

　　大湖塘钨矿田在成矿作用时间上晚于南岭地区中–晚侏罗世（150～160Ma）大规模钨锡成矿作用期（胡瑞忠等，2010；华仁民等，2010；刘晓菲等，2012；袁顺达等，2012a，2012b；原垭斌等，2014；Zhao et al.，2016）。华南钨锡钼铜多金属热液矿区众多，从赣南到赣北，燕山期花岗岩系列与成矿的时空关系密切（表6.2、图6.3）。从赣–杭拼接带两侧矿区时空分布情况来看：赣–杭拼接带南侧的南岭成矿省（湘东南和赣南），其成矿时代较为集中（150～160Ma），明显早于赣–杭拼接带北侧的钨锡多金属成矿作用时代（140～150Ma），而赣–杭拼接带（赣中）的成矿时代则相对更早，如新安斑岩型钼矿为168.3±1.7Ma（曾载淋等，2011）。从表6.2可以看出，赣北钨锡多金属成矿作用时代集中在三个阶段，分别为140Ma左右、150Ma左右和160Ma左右，具有明显的多期成矿作用。

表 6.2　华南典型钨锡钼铜矿区成岩与成矿时代对照表

产地	矿区名	成因类型	主要矿物	成岩时代 /Ma	数据来源	成矿时代 /Ma	数据来源
赣南	淘锡坑	石英脉型	黑钨矿	158.7±3.9	郭春丽等，2007	154.4±3.8	陈郑辉等，2006
	摇篮寨	石英脉型	黑钨矿	156.9±1.7	丰成友等，2007b	155.8±2.8	丰成友等，2007a
	樟斗	石英脉型	黑钨矿	151.4±3.1	丰成友等，2007a	149.1±1.7	丰成友等，2007b

续表

产地	矿区名	成因类型	主要矿物	成岩时代/Ma	数据来源	成矿时代/Ma	数据来源
赣南	盘古山	石英脉型	黑钨矿	161.7±1.6	方贵聪等，2014	155.3±2.8	方贵聪等，2014
	牛岭	石英脉型	黑钨矿	151.8±2.9	丰成友等，2007b	154.9±4.1	丰成友等，2007b
	园岭寨	斑岩型	辉钼矿	165.49±0.59	黄凡等，2012	161.1±3.9	周雪桂等，2011
赣中	浒坑	石英脉型	黑钨矿	151.6±2.6	刘珺等，2008a	150.2±2.2	刘珺等，2008b
	下桐岭	石英脉型	黑钨矿	150.1±1.0	杨泽黎等，2014	152.0±3.3	李光来等，2011
	新安	斑岩型	辉钼矿	?		168.3±1.7	曾载淋等，2011
	永平	斑岩型	黄铜矿	160±2.3	丁昕等，2005	156.7±2.8	李晓峰等，2007
赣北	石门寺	细脉浸染+蚀变花岗岩型	白钨矿黑钨矿	148.3±1.9～144.0±0.6	Mao et al.，2015 Huang and Jiang，2014	149.6±1.2～140.9±3.6	项新葵等，2013a 丰成友等，2012
	狮尾洞	细脉浸染石英大脉	白钨矿黑钨矿	?		139.8±2.1	丰成友等，2012
	大雾塘	细脉浸染型、蚀变花岗岩型	白钨矿、黑钨矿、黄铜矿	?		137.9±2.0	张勇等，2017
	昆山	细脉带型	辉钼矿、黑钨矿、黄铜矿	151.0±1.3	张明玉等，2016	151.0±1.3	张明玉等，2016
	宝山	斑岩型	黄铜矿	147.81±0.48	贾丽琼等，2015a	147.7±1.2	贾丽琼等，2015a
	东雷湾	矽卡岩型	黄铜矿	142.24±0.52	贾丽琼等，2015b	143.3±5.2	贾丽琼等，2015b
	塔前	矽卡岩型	辉钼矿、白钨矿	160.9±2.5	胡正华等，2015	162±2	黄安杰等，2013
	莲花芯	石英脉型	黄铜矿、辉钼矿	?		158.6±2.0	张勇等，2016a
湘东南	新田岭	石英脉型	白钨矿、辉钼矿	160±2	付建明等，2004	157.1±0.3Ma	袁顺达等，2012b
	金船塘	矽卡岩型	锡石、辉铋矿	?		158.8±6.6	刘晓菲等，2012

大湖塘钨矿田的两期成矿作用（140Ma左右和150Ma左右）对成矿元素巨量堆积体现在：①该矿田的燕山期的每一期成岩作用，都伴随着一期岩浆期后热

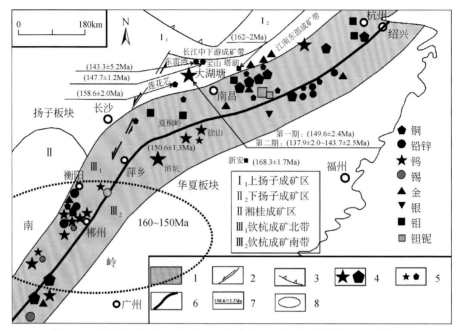

图6.3　钦杭成矿带内生金属矿区分布略图（据李光来等，2011修改）

1-钦杭成矿带；2-走滑断层；3-推覆构造；4-超大型、大型矿区；

5-中小型矿区；6-深大断裂；8-南岭钨锡成矿省

液成矿作用，不相容元素在流体中多次的富集效应；②每一期成矿流体都存在两个阶段的演化模式，即早期的碱性热液阶段（氧化阶段）和成矿期的酸热液阶段（还原阶段），早期的碱性成矿流体对围岩和早期形成的岩浆岩中成矿元素交代迁移出，成矿元素进一步在流体中富集，演化到后期流体由于交代蚀变过程中碱的耗尽，以及可能有中偏酸性流体的加入，流体逐渐变为酸性，同时流体中的成矿元素沉淀堆积成矿。

6.2　蚀变流体作用机制

碱-酸交代作用的过程及对大湖塘钨矿田成矿流体成矿起到了至关重要的作用，相应的热液矿物的形成，记录了成矿流体的相关物理化学条件，以及相关元素的萃取、迁移和沉淀的过程。

本书通过蚀变和未蚀变岩石的主微量元素，元素迁移量的计算（mass change），反映不同蚀变阶段流体与围岩（晋宁期黑云母花岗闪长岩）的反应特征（表6.3），对应流体的物质组分变化，从碱性逐渐到中性再到酸性的演化过程，与其氧化环境变化从氧化（蚀变岩石全岩Fe的变化特征）到中性到还原的演变。蚀变过程尤其是早期碱性蚀变对围岩的 Si 和 Ca 的萃取，并破坏了晋宁期闪长岩的稳固矿物结构，为酸性阶段 Si 及成矿元素的沉淀提供了很好的赋矿空间。

表 6.3　大湖塘钨矿田典型蚀变元素迁移特征

蚀变类型	蚀变矿物	空间位置	从围岩带出主量元素	带入围岩的主量元素	从围岩带出微量元素	带入围岩的微量元素	酸碱性	氧化还原环境
钾交代	黑云母±钾长石±条纹长石	外带	Si 和 Na	Al、Mg、Fe 和 K	U、La、Ce、Nd 和 Zr、Ba、Sr 等	Cs、Li、Rb、Bi、Nd、Ta、Tl、Zn、Cu、Mo 和 W	强碱	氧化
	钾长石±条纹长石	内带	Si 和 Na	Al、Mg、Fe 和 K	U、Zr、Nd 和 Ta 等	Cs、Li、Rb、Ba、Bi、Tl、La、Ce、Be、Zn、Cu、Mo 和 W		
钠交代	钠长石	内带	Si 和 K	Al 和 Na，少量的 Ca 和 P	U、Nd、Ta 和 Be	Cs、Li、Rb、Ba、Sr、Zr、La、Ce、Zn、Cu 和 W	弱碱	
弱钾交代	绢云母	内带	Si、Al 和 Na	Ti、Fe、Mg、Ca 和 K	U、Nd、Ta 和 Be	Li、Rb、Ba、Sr、Pb、Bi、Zr、Th、La、Ce、Nd、Zn、Cu 和 W		
弱硅交代	绢云母 + 石英	外带	Al、Ca 和 Na、K	Si、Fe 和 Mg	Sr、Pb、Cr、Bi 和 Zr	Cs、Li、Rb、Y、La、Ce、Nd、、Zn、Cu 和 W	弱酸	
云英岩化	白云母 + 石英	远外带	Ti、Al、Mg 和 Ca	Si 和少量 K、Na	Ba、Cr、Ni、V、Bi 和 Y	Li、Rb、Cs、U、Zr、Th、La、Ce、Zn 和 Cu	强酸	还原
		内带	Al、Na 和 K	Si	Rb、U、Nb、Ta 和 Be	Cs、Li、Ba、Bi、Zr、Th、La、Ce、Pr、Nd、Zn、Cu 和 W		
强硅交代	石英	外带	Al、Mg、Ca、Na 和 K	Si	Ba、La、Ce 和 Nd	Cs、Li、Rb、Bi、U、Zr、Nb、Ta、Zn、Cu 和 W		

大湖塘钨矿田的酸–碱交代叠加效应是：主量元素中中等程度的 Si、Ca 和 Na 元素减少，中等程度的 Al、Fe、Mg 和 K 增加。其最明显的特征在于微量元素 Cs、Li、Bi、U 及稀土元素出现两种作用亏损后富集达到未蚀变含量标准，因此总体上的强碱蚀变（黑云母化）交代出轻稀土，后酸性（云英岩化）蚀变又带入是研究区热液流体演化的特征之一，叠加后的结果是保持稀土元素相对稳定的现象。而成矿元素 Zn、Cu 和 W 具有二者叠加后更高倍数的富集程度，是研究区成矿元素巨量堆积最重要的原因之一。

6.3　大湖塘钨成矿流体作用模型

6.3.1　成矿流体的来源

阮昆等（2015b）通过对大湖塘石门寺矿区石英大脉和隐爆角砾岩等矿体的石英和方解石的稳定同位素研究，认为方解石 $\delta^{13}C_{V-PDB}$ 值为 $-11.42‰ \sim -5.76‰$，平均为 $-7.06‰$；$\delta^{18}O_{V-SMOW}$ 的变化范围为 $7.13‰ \sim 16.34‰$，平均为 $11.79‰$，显示成矿流体中的碳主要来源于深部岩浆或者上地幔，并受到有机碳的混合。江超强（2016）通过对大雾塘矿区石英大脉矿体的氢–氧同位素测定，研究发现其组成变化范围非常小，δD_{V-SMOW} 值为 $-71.3‰ \sim -65.4‰$，$\delta^{18}O_{H_2O}$ 值为 $1.61‰ \sim 3.65‰$，在 δD-$\delta^{18}O_{H_2O}$ 关系图中均落在岩浆水区域的左侧，说明大雾塘矿区钨矿成矿流体为岩浆水，并混合部分的大气降水。

大雾塘矿区的石英脉中方解石的 $\delta^{13}C_{PDB}$ 值为 $-13.20‰ \sim -11.90‰$，明显高于 $-20‰$，而又低于 $-9‰$，$\delta^{18}O_{SMOW}$ 值为 $15.60‰ \sim 16.94‰$。石门寺样品绝大多数落在花岗岩及低温蚀变区域，几件落在有机质氧化作用区域，而大雾塘矿区两件样品均落在有机质氧化作用区域（图 5.7），其原因可能是地幔或深源流的甲烷向上运移的过程中，发生强烈的同位素分馏，轻的同位素在气体柱的顶部富集，并被氧化为二氧化碳，进一步沉淀形成方解石（项新葵等，2013b；阮昆等，2015a；江超强 2016）；另外，显微激光拉曼光谱显示大雾塘矿区流体包裹体气相成分含有较多的 CH_4 与少量的 CO_2。表明大雾塘矿区成矿流体中的碳是深源甲烷转化而来，可能来源于下地壳或上地幔。

因此大湖塘矿田成矿流体溶剂水的主要来源是岩浆水，流体演化到后期有大气降水的参与。由于流体的空间就位差异，由南向北存在大气降水参与量逐渐变小的趋势，这里与不同矿区围岩属性也有一定的关系，昆山矿区以新元古界双桥山群浅变质岩为主，向北依次为狮尾洞矿区（浅变质岩+晋宁期黑云母花岗闪长岩），以及大雾塘和石门寺矿区的晋宁期黑云母花岗闪长岩。围岩的差异导致成矿流体与围岩发生水岩交代反应，出现氧同位素重新分馏达到新的平衡。

6.3.2　成矿流体中矿化剂来源

大湖塘钨矿田的成矿流体中以岩浆热液矿区硫为主，明显相对幔源硫富集轻硫，与典型的热液矿区的硫同位素特征相似。因而大湖塘钨矿田 Cu 和 Mo 元素形成硫化物的矿化剂硫主要来源于深源岩浆。

Ca、Fe 和 Mn 等矿化剂的来源问题，前人比较公认的是钙的来源认为来自围岩晋宁期的斜长石（钙长石）的蚀变（王辉等，2015；项新葵等，2015a；陈文文，2015），但其具体的蚀变过程尚未有比较清晰的论证，结合本次的工作，认为斜长石的蚀变是阶段性地（黑云母化、白云母化和硅化）释放出 Ca 元素，大量镜下观察统计发现，碱交代阶段以原生黑云母的黑云母化为主，次为斜长石和石英的黑云母化及斜长石的钾长石化，斜长石大量的蚀变释放出大量的钙，但从元素迁移量的计算 ［图 6.4（a）］来看 Ca 元素在碱交代岩中只出现了少量（0.3%），此时的钙去哪里了，从显微镜下观察发现磷灰石与蚀变成因的黑云母共生的现象 ［图 6.4（b）］，黑云母化岩石的显著 P_2O_5 的增量有 1%，因而碱交代过程中，形成的碱交代岩中并未出现大量的 Ca 元素的损失，保持平均在 2.0% 左右的高钙含量，从斜长石中释放出来的钙保留到新生矿物磷灰石中。

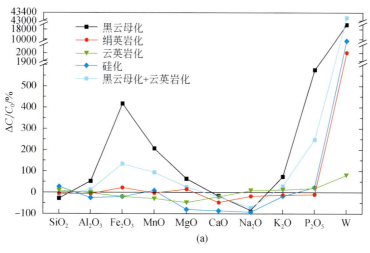

(a)

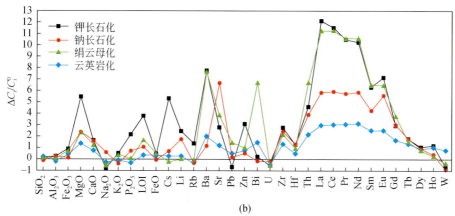

(b)

图 6.4　大湖塘钨矿田外带（a）和内带（b）不同蚀变类型的元素相对迁移特征

而铁出现明显的带入，与黑云母的含量增加关系密切，特别是石英蚀变成黑云母需要流体提供铁元素，Fe 增加是其明显的特征。碱交代岩中 Ca 和 Fe 稳固岩石中，为后期白钨矿和黑钨矿的沉淀析出提供足够矿化剂。从表 4.2 和图 4.8 可以看出，流体演化到绢英岩化阶段，从围岩中萃取出大量的钙，这与斜长石被石英交代蚀变有关。同样绢英岩化以及随之而来的蚀变作用形成蚀变岩，相对未蚀变岩的 P_2O_5 的增量有百分之零点零几（表 4.2），从叠加效果来看，磷元素在后期的蚀变中被流体从蚀变岩中交代蚀变出来，也印证了早期碱交代形成的磷灰石在酸交代过程中被交代蚀变释放出 Ca 元素，这也与白钨矿的沉淀需要 Ca 元素相吻合。

　　黑云母化蚀变过程中，大量黑云母形成，将 Mn 元素从流体中固定到黑云母中，从表 5.2 中可以看出，蚀变成因的黑云母的 Mn 含量（0.23% ~ 0.40%）高于原生黑云母的 Mn 含量（0.28% ~ 0.34%），同时斜长石、钾长石和石英等矿物的黑云母同样是固定 Mn 的效果，黑云母化岩相对未蚀变岩的 MnO 增量为 0.19%，而绢英岩化以及随之而来的蚀变作用形成蚀变岩，相对未蚀变岩的 MnO 增量有 0.01%（表 4.2），从叠加效果来看，锰元素在后期的蚀变中被流体从黑云母化蚀变岩中交代出，也印证了早期碱交代形成的黑云母在酸交代过程中被交代蚀变释放出 Mn 和 Fe 元素，这也与黑钨矿的沉淀需要 Mn 和 Fe 元素相吻合。据刘英俊和马东升（1987）的研究，对钨的沉淀物理化学条件研究显示流体的 F 含量高低、氧逸度等控制黑钨矿和白钨矿的溶解和沉淀。大湖塘钨矿田的黑云母（R2）显示出云英岩化过程中是一个富 F 的流体系统相对抑制了白钨矿的沉淀，同时云英岩化蚀变的流体具有高的水逸度，极大地促进了斜长石的水解，释放出 Ca 等元素，有利于白钨矿的沉淀（图 5.5）。而黑云母记录的流体氧逸度显示从碱性蚀变到酸性蚀变的氧逸度降低有利于黑钨矿的沉淀析出（图 5.5）。

　　但总体上晋宁期黑云母花岗岩提供不了充足的钙，使得钨酸根全部沉淀成白钨矿，同样也提供不了充足的 Fe 和 Mn，使得钨酸根全部沉淀成黑钨矿，但 Ca 和 Fe、Mn 加起来基本上能满足其沉淀，因而矿化剂与成矿元素反应沉淀析出的过程，相对动荡隐爆角砾岩的形成环境，导致黑钨矿与白钨矿的沉淀出现间歇更替，也是大湖塘钨矿田出现黑钨矿与白钨矿互相穿插现象的原因之一，更是白钨矿和黑钨矿形成接近 1 : 1 的比例的原因之一。

6.3.3　成矿元素来源

　　铅同位素的特征显示，大雾塘钨矿区成矿流体的铅源以来自元古宇地层的程浪群和修水群为主，而非双桥山群，同时部分幔源铅的加入，导致研究区铅同位素既有壳源的特征又有幔源的特征。大雾塘钨矿区成矿流体与燕山期斑状花岗岩的铅同位素特征相似，具有相同的源区。

　　已有研究发现，花岗岩中的黑云母是 Zn、Sn、W 和 Mo 等成矿元素含量最高的载体，黑云母在白云母（绢云母化或硅化）蚀变过程中可以释放出一定量的成矿元素（Barsukov, 1957; Shcherba et al., 1970; Taylor, 1979; Eugster, 1984; Pirajno, 1982; Lentz, 1992; Neves, 1997; Yang and Rivers, 2000; 陈佑纬等, 2010; Azadbakht et al., 2014）。碱交代作用，导致斜长石被交代蚀变释放出 Ca 等，黑云母被交代蚀变则释放出成矿元素 Zn、Sn、W 和 Mo 等到成矿流体中，使得成矿元素在流体中进一步富集，为成矿元素的沉淀析出提供了物质基础。南京大学地质学系（1981）研究发现热液钾长石、石英、钠长石对成矿元素（如 W、Mo、U、Pb、Zn、Au、Ag 和 Cu 等）来说都属于"清洁矿物"，其含量仅为原岩同类矿物的几分之一到数十分之一，如此恰好反映了碱交代过程，对成矿元素强烈的活化转移作用，流体萃取了围岩中的成矿元素，使得成矿元素在热液流体中富集，是成矿重要的物质基础。

　　但是从我们的研究发现，大湖塘钨矿田的成矿元素在交代蚀变过程中，所有的蚀变都有成矿元素的增量，反映成矿流体是相对富集 Zn、Cu、Mo 和 W 元素的（表4.1、表4.2），其中 Cu 元素在黑云母化和硅化蚀变中的增量最高，而 W 元素在矿化的云英岩化岩中的增量最高，由此可见成矿元素的沉淀，Cu 和 Mo 是在碱交代作用（黑云母化和钾长石化）出现过一次沉淀后析出，后经历绢云母化和绢英岩化，将其从蚀变岩中重新萃取出，而后集中在硅化蚀变阶段沉淀析出（硫化物与热液成因的石英密切共生）。而钨元素的沉淀析出集中在云英岩化阶段，但其沉淀析出过程中，围岩提供的矿化剂的特殊比例，导致其沉淀析出矿物共生特征较为混乱。

　　因此结合辉钼矿 Re-Os 同位素年龄，两期成矿作用相吻合：第一期（150Ma 左右）大规模的强碱交代作用（外带以黑云母化为主，内带以钾长石化为主），成矿以 Cu 和 Mo 为主，少量的钨矿化；第二期（143~138Ma）大规模的云英岩化作用和硅化作用，云英岩化相对较早，硅化随后，云英岩化以大规模巨量的钨成矿为主，随后的硅化则为大规模的 Cu 和 Mo 矿化。

6.3.4　成矿流体演化物理化学参数（T、f_{O_2} 和 pH 等）

　　大湖塘钨矿田成矿流体的温度可以通过流体包裹体和矿物地质温度计的方式获得，其中硅化蚀变阶段的流体包裹体研究成果颇多（表5.1），以大雾塘矿区流体包裹体的研究最系统。研究认为其流体包裹体成分主要为 H_2O，含有少量的 CH_4、N_2 与极少量的 CO_2；均一温度为 140~350℃，集中区间为 170~245℃；盐度（NaCleq）在 1.0%~7.5%，集中区间为 3.0%~5.5%，属于 $NaCl-H_2O$ 体系；密度分布在 0.68~1.0g/cm³，集中区间为 0.80~0.94g/cm³。从早期到晚期，Ⅰ阶段早期阶段，流体具有中高温、低盐度、低密度的特征，流体包裹体主要为气液两相包裹体，包裹体气体成分含有少量的 CO_2，见极少量含子矿物包裹体。Ⅱ阶段为主要成矿阶段，流体有所降低，盐度无明显变化，密度有所升高，以气液两相包裹体为主，包裹体也存在少量金属硫化物子矿物，而气体成分不含 CO_2，说明 CO_3^{2-} 与成矿作用关系并不大。Ⅲ阶段为成矿晚期阶段，流体温度继续降低，为中低温，盐度明显降低，密度继续升高，包裹体未见子矿物，气相成分也未发现 CO_2。江超强（2016）通过对大雾塘钨矿区流体包裹体地球化学的系统研究，得出成矿流体密度集中分布在 $0.80 \sim 0.94g/cm^3$，大雾塘钨矿区在成矿过程中，岩浆热液流体起着十分重要的作用。而成矿时段越往后，成矿密度有升高的趋势，这种现象可能由于越往后期，由于断裂构造的作用，成矿流体受到地下水混合作用的机会就越多。这与流体包裹体均一温度–盐度双变量图投点趋势所得出的结果相一致，成矿流体在演化的过程中，经历了与低温低盐度流体的混合作用。大雾塘铜多金属矿区成矿流体在演化过程中，温度逐渐降低，盐度到了Ⅲ阶段才明显降低，密度逐步升高；期间流体经历了沸腾作用、与低温低盐度大气降水的混合作用，表明其物理化学条件经过多次变化，这可能是钨铜钼发生沉淀富集成矿的重要机制。

　　大湖塘钨矿田早期碱交代作用的流体温度研究，则必须通过黑云母矿物地质温度计来实现，其中黑云母花岗闪长岩的原生黑云母的形成温度为 $549 \sim 592℃$，而热平衡黑云母的温度为 $496 \sim 511℃$，热液成因黑云母的温度为 $374 \sim 448℃$（表5.2）。由此可以看出，大湖塘钨矿田的碱交代特别是外带钾交代作用的形成温度范围可能为 $350 \sim 550℃$（表5.2）。同样结合已有的石英（石英大脉、云英岩化及硅化等蚀变）流体包裹体的均一温度研究，认为大湖塘钨矿田酸性蚀变温度区间可能为 $360 \sim 160℃$（徐国辉，2013；张婉婉，2013；阮昆等，2015b）。因而大湖塘钨矿田蚀变流体演化的温度变化过程，基本厘定清楚，特别是高温碱性蚀变温度的初步确定，为大湖塘流体演化机制提供了重要的研究基础。

　　大湖塘钨矿田成矿流体的酸碱度和氧逸度，本书主要是通过定性的分析获得，通过蚀变作用阶段划分，对应蚀变类型形成的酸碱环境确定成矿流体的酸碱特征，结合主微量元素特征确定成矿流体演化过程中的酸碱变化趋势（表4.1，表4.2）；而通过不同蚀变类型相对未蚀变岩 Fe 的增减，定性判断流体相对氧化还原状态（表4.1，表4.2）。大湖塘钨矿田从最早的碱交代（黑云母化和钾长石化），到最晚的硅化，其经历了强碱到强酸的转变，同样经历了从氧化环境到还原环境的总体变化趋势。

6.3.5　蚀变与成矿就位空间关系

　　大湖塘钨矿田蚀变空间位置与成矿的关系，不同矿区存在着空间位置差异，同样不同空间位置对应的成矿类型也存在差异，这与流体交代蚀变围岩的强度关系密切。酸–碱交代相对空间位置差异，导致大湖塘钨矿田不同矿区成矿类型的差异。最南边昆山矿区以酸–碱交代分离，浅部以硅化为主云英岩次之的石英细脉带型钼铜矿体，其深部可能存在碱交代形成的第二期以钨成矿为主的云英岩化矿体。而北边的石门寺和大雾塘矿区，其酸-碱交代蚀变基本重合相叠加在一起，流体在蚀变范围内经历了长期的流体交代反应，聚集了巨量的成矿元素和矿化剂等，原始未蚀变相对致密的岩石被完全破坏，为成矿元素的充分沉淀提供了足够的空间和时间，因此形成了超大型的矿体集聚地，如此大规模的成矿作用，伴随着强烈的构造活动，在矿区深边部存在类似碱性蚀变区，尤其是碱性蚀变中心叠加酸性蚀变的现象，可以指示其成大矿的可能性。

综合以上特征及其流体演化相应物理化学条件，流体演化的各阶段对应岩浆活动和成矿作用特征，初步认为大湖塘钨矿田成矿作用机制为（图 6.5）：第一期成矿作用 A 阶段，即强碱性（氧化）流体作用阶段，也是成矿物质（特别是

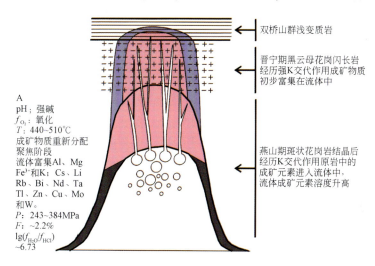

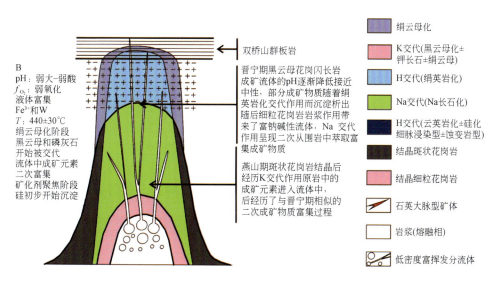

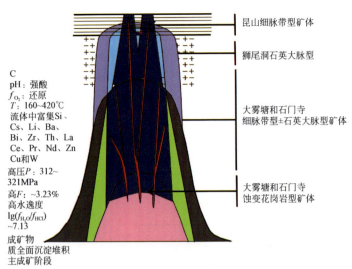

图6.5　大湖塘钨矿田流体演化模型

SiO_2、Na_2O、FeO、Fe_2O_3和CaO）萃取迁移聚集阶段，对应于燕山期斑状黑云母花岗岩（147.4±0.58～148.3±1.9Ma）（Mao et al.，2015）冷凝结晶阶段；B阶段，即中性–弱酸性（弱氧化）流体作用阶段，也是成矿物质二次富集并开始向初步沉淀阶段转变（少量成矿物质成矿阶段），对应于燕山期斑状黑云母花岗岩期后热液阶段。第二期成矿作用，C阶段，即强酸性（还原）流体作用阶段，也是主成矿阶段，对应于燕山期细粒黑云母花岗岩期后热液阶段，伴随着流体混合（特别是富集成矿物质W等元素细粒花岗岩结晶分异出的酸性流体的加入），成矿后的热液活动对已堆积成矿的蚀变地质体起到了较弱的改造作用。

6.4　找矿标志

　　大湖塘钨矿田交代特征及流体演化模型建立，明确了成矿流体不同演化阶段对围岩对应蚀变作用形成的蚀变矿物，以及不同蚀变过程中元素带入与带出特征。本书从宏观到微观，比较精确地限定了成矿元素Cu、Mo和W元素和矿化剂在不同蚀变过程中的萃取–迁移和沉淀析出行为，为建立找矿模型奠定了基础。

　　大湖塘型钨矿找矿的重要指示标志是，酸–碱蚀变分带的空间分布：通过发现较大规模的碱性蚀变，根据蚀变特征，追索酸性蚀变硅化和云英岩化的矿体，是寻找大型超大型钨矿体重要思路和明确易辨的宏观标志。再结合镜下蚀变矿物特征及其主微量元素特征可以更加准确地定位矿体的所在。

参 考 文 献

蔡雄飞,顾延生.2002.赣北中元古界双桥山群地层划分的综合地层学运用.沉积与特提斯地质,22(4):79-83.

蔡雄飞,章泽军,王德珲,卢炼.2003.赣北双桥山群浅变质岩沉积学研究的新进展.地质调查与研究,26(3):151-159.

陈文文.2015.江西石门寺钨铜多金属矿蚀变分带及其元素迁移规律研究.东华理工大学硕士学位论文.

陈佑纬,毕献武,胡瑞忠,朱维光,胥磊落,董少花.2010.贵东岩体黑云母成分特征及其对铀成矿的制约.矿物岩石地球化学通报,29(4):355-363.

陈振宇,李秋立.2007.大别山金河桥榴辉岩中金红石Zr温度计及其意义.科学通报,52(22):2638-2645.

陈郑辉,王登红,屈文俊,陈毓川,王平安,许建祥,张家菁,许敏林.2006.赣南崇义地区淘锡坑钨矿的地质特征与成矿时代.地质通报,25(4):496-501.

丁悌平.1980.氢氧同位素地球化学.北京:地质出版社.

丁伟开.2016.江西石门寺钨多金属矿床围岩蚀变特征研究.东华理工大学硕士学位论文.

丁昕,蒋少涌,倪培,顾连兴,姜耀辉.2005.江西武山和永平铜矿含矿花岗质岩体锆石SIMS U-Pb年代学.高校地质学报,11(3):383-389.

董业才.2014.栗木花岗岩型钨锡矿床云英岩化特征.矿产与地质,(6):699-706.

杜乐天.1983.碱交代成矿作用的地球化学共性和归类.矿床地质,(2):33-41.

杜乐天.1986.碱交代作用地球化学原理.中国科学(B辑),(1):81-90.

杜乐天.1992.硅桥问题——兼及当代热液成矿理论的概念更新.矿床地质,11(1):13-20.

杜乐天.1996.烃碱流体地球化学原理:重论热液作用和岩浆作用.北京:科学出版社.

杜乐天.2002.碱交代岩研究的重大成因意义.矿床地质,21(S1):953-958.

杜乐天,王文广.2009a.华南花岗岩型铀矿找矿新目标——绢英岩化铀矿类型.铀矿地质,25(2):85-90.

杜乐天,王文广.2009b.碱型地幔流体与富碱热液成矿.矿床地质,28(5):599-610.

杜玉雕.2012.安徽东源钨钼矿床流体特征与成矿机制.中国地质大学(北京)硕士学位论文.

方贵聪,陈毓川,陈郑辉,曾载淋,张永忠,童启荃,孙杰,黄鸿新,郭娜欣.2014.赣南盘古山钨矿床锆石U-Pb和辉钼矿Re-Os年龄及其意义.地球学报,35(1):76-84.

丰成友,丰耀东,许建祥,曾载淋,佘宏全,张德全,屈文俊,杜安道.2007a.赣南张天堂地区岩体型钨矿晚侏罗世成岩成矿的同位素年代学证据.中国地质,34(4):642-650.

丰成友,许建祥,曾载淋,张德全,屈文俊,佘宏全,李进文,李大新,杜安道,董英君.2007b.赣南天门山–红桃岭钨锡矿田成岩成矿时代精细测定及其地质意义.地质学报,81(7):952-963.

丰成友,张德全,项新葵,李大新,瞿泓滢,刘建楠,肖晔.2012.赣西北大湖塘钨矿床辉钼矿Re-Os同位素定年及其意义.岩石学报,28(12):3858-3868.

付建明,马昌前,谢才富,张业明,彭松柏.2004.湖南骑田岭岩体东缘菜岭岩体的锆石SHRIMP

定年及其意义．中国地质,31(1):96-100.

高林志,黄志忠,丁孝忠,刘燕学,庞建峰,张传恒．2012．赣西北新元古代修水组和马涧桥组 SHRIMP 锆石 U-Pb 年龄．地质通报,31(7):1086-1093.

高林志,杨明桂,丁孝忠,刘燕学,刘训,凌联海,张传恒．2008．华南双桥山群和河上镇群凝灰岩 中的锆石 SHRIMP U-Pb 年龄——对江南新元古代造山带演化的制约．地质通报,27(10): 1744-1751.

高晓英,郑永飞．2011．金红石 Zr 和锆石 Ti 含量地质温度计．岩石学报,27(2):417-432.

葛肖虹,刘俊来,任收麦,袁四化．2014．中国东部中–新生代大陆构造的形成与演化．中国地 质,41(1):19-38.

郭春丽,王登红,陈毓川,王彦斌,陈郑辉,刘善宝．2007．赣南中生代淘锡坑钨矿区花岗岩锆石 SHRIMP 年龄及石英脉 Rb-Sr 年龄测定．矿床地质,26(4):432-442.

郭春影,张文钊,葛良胜,高帮飞,夏锐．2011．氢氧同位素体系成矿流体示踪若干问题．矿物岩 石,31(3):41-47.

贺菊瑞,王爱国,芮行健,曾勇．2007．赣皖地区中元古代海底火山喷流成矿作用．华东六省一市 地学科技论坛:339-340.

贺菊瑞,王爱国,芮行健,曾勇,李春海．2008．江西弋阳铁砂街中元古代海底火山喷流成矿作用. 资源调查与环境,29(4):261-269.

胡瑞忠,毛景文,范蔚茗,华仁民,毕献武,钟宏,宋谢炎,陶琰．2010．华南陆块陆内成矿作用的一 些科学问题．地学前缘,17(2):13-26.

胡受奚,周云生,孙明志．1963．钾质交代作用与钼矿床的成因联系．南京大学学报(自然科学 版),(14):97-115.

胡受奚,叶瑛,方长泉．2004．交代蚀变岩岩石学及其找矿意义．北京:地质出版社.

胡正华,刘栋,刘善宝,郎兴海,张家菁,陈毓川,施光海,王艺云,雷天浩,聂龙敏．2015．江西乐平 塔前钼(钨)矿床成岩成矿时代及意义．成都理工大学学报:自然科学版,42(3):312-322.

华仁民,李光来,张文兰,胡东泉,陈培荣,陈卫锋,王旭东．2010．华南钨和锡大规模成矿作用的 差异及其原因初探．矿床地质,29(1):9-23.

黄安杰,温祖高,刘善宝,刘消清,刘献满,张家菁,施光海,刘战庆．2013．江西乐平塔前钨钼矿中 辉钼矿 Re-Os 定年及其地质意义．矿物岩石,32(4):496-504.

黄凡,王登红,曾载淋,张永忠,曾跃,温珍连．2012．赣南园岭寨大型钼矿岩石地球化学、成岩成 矿年代学及其地质意义．大地构造与成矿学,36(3):363-376.

黄兰椿,蒋少涌．2012．江西大湖塘钨矿床似斑状白云母花岗岩锆石 U-Pb 年代学、地球化学及 成因研究．岩石学报,28(12):3887-3900.

黄兰椿,蒋少涌．2013．江西大湖塘富钨花岗斑岩年代学、地球化学特征及成因研究．岩石学报, 29(12):4323-4335.

贾丽琼,徐文艺,杨丹,杨竹森,王梁．2015a．江西九瑞地区宝山斑岩型铜多金属矿床锆石 U-Pb 和辉钼矿 Re-Os 年龄及其地质意义．矿床地质,34(1):63-80.

贾丽琼,杨丹,徐文艺,吕庆田,杨竹森,莫宣学,王梁．2015b．江西九瑞地区东雷湾矽卡岩型铜多 金属矿床锆石 U-Pb 和辉钼矿 Re-Os 年龄及其地质意义．地球学报,36(2):177-186.

江超强．2016．江西大雾塘钨多金属矿床地球化学特征及成因探讨．东华理工大学硕士学位论文.

江青霞.2016.江西大雾塘钨多金属矿床围岩蚀变特征研究.东华理工大学硕士学位论文.

江西省地质矿产局.1984.江西省区域地质志.北京:地质出版社.

江媛媛.2016.江西昆山钼铜矿床地球化学特征及成矿机理.东华理工大学硕士学位论文.

蒋少涌,彭宁俊,黄兰椿,徐耀明,占岗乐,但小华.2015.赣北大湖塘矿集区超大型钨矿地质特征
　　及成因探讨.岩石学报,31(3):639-655.

蒋先强.2013.赣西北双桥山群构造地层特征与构造古地理归属.中国地质大学(北京)硕士学
　　位论文.

郎兴海,唐菊兴,李志军,黄勇,丁枫,王成辉,张丽,周云.2012.西藏雄村斑岩型铜金矿集区Ⅰ号
　　矿体的硫、铅同位素特征及其对成矿物质来源的指示.地球学报,33(4):459-470.

冷成彪,张兴春,王守旭,王外全,秦朝建,吴孔文,任涛.2008.滇西北雪鸡坪斑岩铜矿S,Pb同位
　　素组成及对成矿物质来源的示踪.矿物岩石,28(4):80-88.

李大新,丰成友,周安顺,李洪茂,李鑫,刘建楠,肖晔.2013.东昆仑祁漫塔格西段白干湖超大型
　　钨锡矿田地质特征及其矿化交代岩分类.矿床地质,32(1):37-54.

李光来,华仁民,黄小娥,韦星林,屈文俊,王旭东.2011.赣中下桐岭钨矿辉钼矿Re-Os年龄及其
　　地质意义.矿床地质,30(6):1075-1084.

李晓峰,Watanabe Y,屈文俊.2007.江西永平铜矿花岗质岩石的岩石结构、地球化学特征及其成
　　矿意义.岩石学报,23(10):2353-2365.

廖震,刘玉平,李朝阳,叶霖,刘世荣,郑文勤.2010.都龙锡锌矿床绿泥石特征及其成矿意义.矿
　　床地质,29(1):169-176.

刘邦秀,左祖发.1998.赣北中元古代双桥山群修水组"不整合"的形成与构造背景分析.江西
　　地质,12(4):257-261.

刘珺,毛景文,叶会寿,谢桂青,杨国强,章伟.2008a.江西省武功山地区浒坑花岗岩的锆石U-Pb
　　定年及元素地球化学特征.岩石学报,24(8):1813-1822.

刘珺,叶会寿,谢桂青,杨国强,章伟.2008b.江西省武功山地区浒坑钨矿床辉钼矿Re-Os年龄及
　　其地质意义.地质学报,82(11):1572-1579.

刘南庆.1995.从彭山地区的岩浆演化看其构造的发展史.江西地质,9(3):205-217.

刘南庆,黄剑风.1994a.关于彭山地区北北东向断裂及其控岩控矿作用.地质与勘探,(5):
　　14-17.

刘南庆,黄剑风.1994b.试论彭山地区变质核杂岩构造及其成矿作用.地质找矿论丛,9(1):
　　18-26.

刘南庆,黄剑风.1996.庐山地区旋转走滑——侧向拉伸构造解析.江西地质,10(1):13-18.

刘南庆,尹祝,施权,钱恒义,万国庆,黄剑风.2011.赣北九瑞-彭山地区构造运动机制及其控矿
　　作用分析.地质与勘探,47(3):333-343.

刘南庆,黄剑风,秦润君,张炳远,余振东.2014.江西大湖塘地区燕山期构造-岩浆热液成矿系
　　统及其成矿机理.地质找矿论丛,29(3):311-320.

刘南庆,秦润君,尹青青,孙团结,余振东,潘大鹏.2016a.赣北大湖塘钨铜多金属矿集区特征与
　　成矿作用模式.地质论评,62(5):1225-1240.

刘南庆,项新葵,叶海敏,张勇,占岗乐,熊应胜,潘大鹏,秦润君,潘家永,余振东,翔 张,朱云鹤,
　　杨瑞琰,张振,黄可茂.2016b.江西大湖塘钨(铜)多金属矿整装勘查区专项填图与技术应用

示范报告. 九江:江西省地质矿产勘查开发局九一六大队.

刘晓菲,袁顺达,吴胜华. 2012. 湖南金船塘锡铋矿床辉钼矿 Re-Os 同位素测年及其地质意义. 岩石学报,28(1):39-51.

刘英俊,马东升. 1987. 钨的地球化学. 北京:科学出版社.

龙灵利,王京彬,王玉往,王莉娟,廖震,赵路通,孙志远,高立明. 2015. 新疆希勒库都克铜钼矿床硫同位素特征及成矿物质来源探讨. 岩石学报,31(2):545-554.

毛景文,陈懋弘,袁顺达,郭春丽. 2011. 华南地区钦杭成矿带地质特征和矿床时空分布规律. 地质学报, 85(5):636-658.

孟祥金,侯增谦,李振清. 2006. 西藏驱龙斑岩铜矿 S、Pb 同位素组成:对含矿斑岩与成矿物质来源的指示. 地质学报,80(4):554-560.

南京大学地质学系. 1981. 华南不同时代花岗岩类及其与成矿关系. 北京:科学出版社.

彭花明,袁琪,夏菲,严兆彬,张婉婉. 2014. 江西大岭上钨矿含斑细粒花岗岩锆石成因及成岩成矿启示. 矿物岩石地球化学通报,33(6):830-838.

任纪舜,牛宝贵,和政军,谢广连,刘志刚. 1997. 中国东部的构造格局和动力演化. 中国地质科学院地质研究所文集,29-30:43-55.

阮昆,王晓娜,吴奕,杨春鹏,管伟村,潘家永. 2013. 大湖塘矿田构造、花岗岩与钨成矿关系探讨. 中国钨业,28(5):1-5.

阮昆,潘家永,曹豪杰,项新葵,李钟枢,邵上,伍俊杰. 2015a. 大湖塘石门寺钨矿床碳、氧、硫同位素研究. 矿物岩石,35(1):57-62.

阮昆,潘家永,吴建勇,项新葵,刘文泉,李钟枢. 2015b. 江西大湖塘石门寺钨矿隐爆角砾岩型矿体地球化学特征与成因探讨. 矿物岩石地球化学通报,34(3):633-641.

唐攀,唐菊兴,郑文宝,冷秋锋,林彬,唐晓倩. 2017. 西藏拉抗俄斑岩铜钼矿床黑云母矿物化学特征. 地学前缘,24(5):265-282.

王辉,丰成友,李大新,项新葵,周建厚. 2015. 赣北大湖塘钨矿成岩成矿物质来源的矿物学和同位素示踪研究. 岩石学报,31(3):725-739.

韦新亚. 2012. 江西修水莲花芯铜钼多金属矿床成矿特征及成因分析. 东华理工大学硕士学位论文.

吴开兴,胡瑞忠,毕献武,彭建堂,唐群力. 2002. 矿石铅同位素示踪成矿物质来源综述. 地质地球化学,30(3):73-81.

吴新华,楼法生,刘春根,赵炼忠. 2005. 赣东北万年地区万年群的建立及其意义. 地质通报,24(9):819-825.

项新葵,刘显沐,詹国年. 2012. 江西省大湖塘石门寺矿区超大型钨矿的发现及找矿意义.资源调查与环境,33(3):141-151.

项新葵,王朋,孙德明,钟波. 2013a. 赣北石门寺钨多金属矿床辉钼矿 Re-Os 同位素年龄及其地质意义. 地质通报,32(11):1824-1831.

项新葵,王朋,孙德明,钟波. 2013b. 赣北石门寺钨多金属矿床同位素地球化学研究. 地球学报,34(3):263-271.

项新葵,王朋,詹国年,孙德明,钟波,钱振义,谭荣. 2013c. 赣北石门寺超大型钨多金属矿床地质特征. 矿床地质,32(6):1171-1187.

项新葵,尹青青,丰成友,王辉,刘南庆,余振东.2015a.赣北石门寺钨多金属矿床花岗闪长岩蚀变带元素、流体迁移规律及其对成矿作用的制约.地质学报,89(7):1273-1287.

项新葵,尹青青,孙克克,陈斌.2015b.江南造山带中段大湖塘同构造花岗斑岩的成因——锆石U-Pb年代学、地球化学和Nd-Hf同位素制约.岩石矿物学杂志,34(5):581-600.

熊欣,徐文艺,文春华.2015.江西香炉山矽卡岩型白钨矿矿床成因与流体特征.矿床地质,34(5):1046-1056.

徐国辉.2013.赣北狮尾洞钨多金属矿床地球化学特征及成矿机理探讨.东华理工大学硕士学位论文.

杨超,唐菊兴,宋俊龙,张志,李玉彬,孙兴国,王勤,丁帅,方向,李彦波,卫鲁杰,王艺云,杨欢欢,高轲,宋扬,林彬.2015.西藏拿若斑岩型铜(金)矿床绿泥石特征及其地质意义.地质学报,89(5):856-872.

杨利亚,杨立强,袁万明,张闯,赵凯,于海军.2013.造山型金矿成矿流体来源与演化的氢-氧同位素示踪:夹皮沟金矿带例析.岩石学报,29(11):4025-4035.

杨明桂,梅勇文.1997.钦-杭古板块结合带与成矿带的主要特征.华南地质与矿产,(3):52-59.

杨明桂,王发宁,曾勇,赖新平,黄水保,周辉.2004.江西北部金属成矿地质.北京:中国大地出版社.

杨秀清,李厚民,李立兴,马玉波,陈靖,刘明军,姚通,陈伟十,姚良德.2014.辽宁鞍山-本溪地区铁矿床流体包裹体和硫、氢、氧同位素特征研究.地质学报,88(10):1917-1931.

杨泽黎,邱检生,邢光福,余明刚,赵姣龙.2014.江西宜春雅山花岗岩体的成因与演化及其对成矿的制约.地质学报,88(5):850-868.

叶海敏,张翔,朱云鹤.2016.江西石门寺钨多金属矿床花岗岩独居石U-Pb精确定年及地质意义.大地构造与成矿学,40(1):58-70.

于阿朋,王汝成,朱金初,谢磊,张文兰,车旭东.2010.广西花山花岗岩云英岩化分带与锡成矿过程的矿物学研究.高校地质学报,16(3):281-293.

于胜尧,张建新,宫江华.2011.南阿尔金巴什瓦克高压/超高温麻粒岩中金红石Zr温度计及其地质意义.地学前缘,18(2):140-150.

余达淦,刘晓东,巫建华,吴仁贵,祝民强.2013.碱质热流体特征与成矿作用关系的剖析.矿物学报,(S2):274-275.

余心起,吴淦国,张达,狄永军,臧文拴,张祥信,汪群峰.2005.中国东南部中生代构造体制转换作用研究进展.自然科学进展,15(10):1167-1174.

余心起,吴淦国,舒良树,颜铁增,张达,狄永军.2006.白垩纪时期赣杭构造带的伸展作用.地学前缘,13(3):31-43.

袁顺达,刘晓菲,王旭东,吴胜华,原垭斌,李雪凯,王铁柱.2012a.湘南红旗岭锡多金属矿床地质特征及Ar-Ar同位素年代学研究.岩石学报,28(12):3787-3797.

袁顺达,张东亮,双燕,杜安道,屈文俊.2012b.湘南新田岭大型钨钼矿床辉钼矿Re-Os同位素测年及其地质意义.岩石学报,28(1):27-38.

原垭斌,袁顺达,陈长江,霍然.2014.黄沙坪矿区花岗岩类的锆石U-Pb年龄、Hf同位素组成及其地质意义.岩石学报,30(1):64-78.

曾载淋,刘善宝,邓茂春,黄凡,陈毓川,赖志坚,屈文俊.2011.江西广昌新安钼矿床地质特征及其铼-锇同位素测年.岩矿测试,30(2):144-149.

占岗乐.2015.江西大湖塘钨铜多金属矿整装勘查区野外现场研讨会.

张贵宾,张立飞.2011.变质岩中金红石研究进展及存在问题.地学前缘,18(2):26-32.

张海祥,孙大中,朱炳泉,涂湘林.2000.赣北元古代变质沉积岩的铅钕同位素特征.中国区域地质,19(1):67-72.

张雷雷.2013.江西大湖塘钨矿田蓑衣洞矿区花岗岩地球化学特征及其与成矿关系.东华理工大学硕士学位论文.

张明玉,丰成友,李大新,王辉,周建厚,叶少贞,汪国华.2016.赣北大湖塘地区昆山 W-Mo-Cu 矿床侵入岩锆石 U-Pb、辉钼矿 Re-Os 年代学及地质意义.大地构造与成矿学,40(3):503-516.

张乾,潘家永,邵树勋.2000.中国某些金属矿床矿石铅来源的铅同位素诠释.地球化学,29(3):231-238.

张婉婉.2013.江西武宁大岭卜钨矿包裹体特征及其地质意义.东华理工大学硕士学位论文.

张伟,张寿庭,曹华文,武俊德,肖常先,陈慧军,唐利.2014.滇西小龙河锡矿床中绿泥石矿物特征及其指示意义.成都理工大学学报(自然科学版),41(3):318-328.

张勇,潘家永,刘建光,万浩章,陈辉云,赖峰.2014.江西金溪熊家山钼矿床铅、硫同位素特征及其地质意义.有色金属科学与工程,5(2):87-94.

张勇,潘家永,马东升,刘国奇,韦新亚,张雷雷,马崇军,杨春鹏.2016a.江西修水县莲花芯 Cu-Mo-W 矿床的辉钼矿 Re-Os 年龄及地质意义.矿床地质,35(4):867-880.

张勇,潘家永,周强强,刘颖,马崇军.2016b.硫、铅同位素对江西紫云山岩体及其周边 W-Cu-Mo-U 多金属矿床成矿作用制约.地球化学,45(5):510-526.

张勇,杨瑞琰,潘家永,江超强,江青霞,江媛媛,丁伟开.2016c.江西大湖塘整装勘查区蚀变分带特征及其地球化学探测方法研究课题报告.东华理工大学:144.

张勇,潘家永,马东升,但小华,张雷雷,徐国辉,杨春鹏,江青霞,江超强.2017.赣西北大雾塘钨矿区地质特征及 Re-Os 同位素年代学研究.矿床地质,36(3):749-769.

章泽军,曾佐勋,张雄华.1998.论赣西北中元古界双桥山群构造样式地层序列及地质意义.地质通报,(4):365-370.

真允庆.1998.中条裂谷铜矿床稳定同位素地球化学.桂林理工大学学报,18(3):215-227.

郑永飞,陈江峰.2000.稳定同位素地球化学.北京:科学出版社.

钟玉芳,马昌前,佘振兵,林广春,续海金,王人镜,杨坤光,刘强.2005.江西九岭花岗岩类复式岩基锆石 SHRIMP U-Pb 年代学.地球科学:中国地质大学学报,30(6):685-691.

周清,姜耀辉,廖世勇,赵鹏,靳国栋,刘铮,贾儒雅,徐深谋.2013.Pb 同位素对德兴铜矿成矿物源的制约.地质学报,87(8):1124-1135.

周效华,张彦杰,廖圣兵,余明刚,陈志洪,赵希林,姜杨,蒋仁.2012.皖赣相邻地区双桥山群火山岩的 LA-ICP-MS 锆石 U-Pb 年龄及其地质意义.高校地质学报,18(4):609-622.

周雄,温春齐,张学全,张贻,费光春,温泉.2012.西藏邦铺钼铜多金属矿床硫、铅同位素地球化学特征.地质与勘探,48(1):24-30.

周雪桂,吴俊华,屈文俊,龚敏,袁承先,廖明和,赵赣,李牟,魏俊浩,马振东.2011.赣南园岭寨钼矿辉钼矿 Re-Os 年龄及其地质意义.矿床地质,30(4):690-698.

朱炳泉.1998. 地球科学中同位素体系理论与应用:兼论中国大陆壳幔演化. 北京:科学出版社.

朱炳泉.2001. 地球化学省与地球化学急变带. 北京:科学出版社.

朱上庆,郑明华.1991. 层控矿床学. 北京:地质出版社.

朱裕生,王全明,张晓华,方一平,肖克炎.1999. 中国成矿区带划分及有关问题. 地质与勘探,35(4):1-4.

祝新友,王京彬,王艳丽,陈细音.2015. 浆液过渡态流体在矽卡岩型钨矿成矿过程中的作用——以湖南柿竹园钨锡多金属矿为例. 岩石学报,31(3):891-905.

左全狮,程雯娟.2015. 赣北大湖塘矿田特大型钨矿床成矿条件及成矿模式探讨. 矿产与地质,29(2):137-143,167.

Abdelrahman A M. 1994. Nature of biotite from alkaline, calc-alkaline, and peraluminous magmas. Journal of Petrology,35(2):525-541.

Afshooni S Z, Mirnejad H, Esmaeily D, Haroni H A. 2013. Mineral chemistry of hydrothermal biotite from the Kahang porphyry copper deposit (NE Isfahan), Central Province of Iran. Ore Geology Reviews, 54:214-232.

Ague J J. 1994. Mass transfer during Barrovian metamorphism of pelites, south-central Connecticut; I, Evidence for changes in composition and volume. American Journal of Science,294(8):989-1057.

Ague J J, van Haren J L M. 1996. Assessing metasomatic mass and volume changes using the bootstrap, with application to deep crustal hydrothermal alteration of marble. Economic Geology, 91 (7): 1169-1182.

Alacalı M, Savaşçın M Y. 2015. Geothermometry and hydrothermal alteration at the Balçova geothermal field,Turkey. Geothermics,54:136-146.

Ashley P, Karimzadeh S A. 2004. Hydrothermal alteration and mineralisation of the Glen Eden Mo-W-Sn deposit: a leucogranite-related hydrothermal system, Southern New England Orogen, NSW, Australia. Mineralium Deposita,39(3):282-300.

Ayati F,Yavuz F,Noghreyan M,Haroni H A,Yavuz R. 2008. Chemical characteristics and composition of hydrothermal biotite from the Dalli porphyry copper prospect, Arak, central province of Iran. Mineralogy and Petrology,94(1-2):107-122.

Azadbakht Z, Lentz D R, Mcfarlane C. 2014. Using biotite composition of the Devonian Lake George granodiorite,New Brunswick, as a case study for W-Mo-Au-Sb mineralized magmatic hydrothermal systems Gac-Mac, 1-19.

Barnes H L. 1997. Geochemistry of Hydrothermal Ore Deposits. New York:John Wiley & Sons.

Barsukov V L. 1957. The geochemistry of tin. Geokimiya,1:41-53.

Baumgartner L P, Olsen S N. 1995. A least-squares approach to mass transport calculations using the isocon method. Economic Geology,90(5):1261-1270.

Bonsall T A,Spry P G,Voudouris P C,Tombros S,Seymour K S,Melfos V. 2011. The geochemistry of carbonate-replacement Pb-Zn-Ag mineralization in the lavrion district,attica,greece:fluid inclusion, stable isotope,and rare earth element studies. Economic Geology,106(4):619-651.

Boomeri M, Nakashima K, Lentz D R. 2010. The Sarcheshmeh porphyry copper deposit, Kerman,

Iran：A mineralogical analysis of the igneous rocks and alteration zones including halogen element systematics related to Cu mineralization processes. Ore Geology Reviews, 38(4):367-381.

Brimhall G H, Dietrich W E. 1987. Constitutive mass balance relations between chemical composition, volume, density, porosity, and strain in metasomatic hydrochemical systems：Results on weathering and pedogenesis. Geochimica et Cosmochimica Acta,51(3):567-587.

Clayton R N, O'Neil J R, Mayeda T K. 1972. Oxygen isotope exchange between quartz and water. Journal of Geophysical Research Atmospheres,77(17):3057-3067.

Coelho J. 2006. GEOISO-A Windows™ program to calculate and plot mass balances and volume changes occurring in a wide variety of geologic processes. Computers & Geosciences,32(9):1523-1528.

De Albuquerque C A R. 1973. Geochemistry of biotites from granitic rocks, Northern Portugal. Geochimica et Cosmochimica Acta, 37(7):1779-1802.

Douce A E P. 1993. Titanium substitution in biotite：an empirical model with applications to thermometry,O_2 and H_2O barometries, and consequences for biotite stability. Chemical Geology,108 (1-4):133-162.

Drummond M, Ragland P, Wesolowski D. 1986. An example of trondhjemite genesis by means of alkali metasomatism：Rockford Granite, Alabama Appalachians. Contributions to Mineralogy and Petrology, 93(1):98-113.

Durand C, Oliot E, Marquer D, Sizun J P. 2015. Chemical mass transfer in shear zones and metacarbonate xenoliths：a comparison of four mass balance approaches. European Journal of Mineralogy,27(6):731-754.

Dymek R F. 1983. Titanium, aluminum and interlayer cation substitutions in biotite from high-grade gneisses, West Greenland. American Mineralogist,68(9-10):880-899.

Einali M, Alirezaei S, Zaccarini F. 2014. Chemistry of magmatic and alteration minerals in the Chahfiruzeh porphyry copper deposit, south Iran：implications for the evolution of the magmas and physicochemical conditions of the ore fluids. Turkish Journal Of Earth Sciences,23:147-165.

Ekwere S J. 1985. Li, F and Rb contents and Ba/Rb and Rb/Sr ratios as indicators of postmagmatic alteration and mineralization in the granitic-rocks of the banke and ririwai younger granite complexes, Northern Nigeria. Mineralium Deposita,20(2):89-93.

Eri S, Logar M, Milovanovi D, Babi D, Evi B A. 2009. Ti-in-biotite geothermometry in non-graphitic, peraluminous metapelites from Crni vrh and Resavski humovi(Central Serbia). Geologica Carpathica, 60(1):3-14.

Fiannacca P, Brotzu P, Cirrincione R, Mazzoleni P, Pezzino A. 2005. Alkali metasomatism as a process for trondhjemite genesis：evidence from Aspromonte Unit, north-eastern Peloritani, Sicily. Mineralogy and Petrology,84(1-2):19-45.

Field C, Gustafson L. 1976. Sulfur isotopes in the porphyry copper deposit at El Salvador, Chile. Economic Geology,71(8):1533-1548.

Foster M D. 1960. Interpretation of the Composition of Trioctahedral Micas. Washington：United States Government Printing Office:1-49.

Fournier M, Frugier P, Gin S. 2014. Resumption of alteration at high temperature and pH：Rates measurements and comparison with initial rates. Procedia Materials Science, 7:202-208.

Franco P. 1982. Geology, geochemistry, mineralisation, and metal zoning of the McConnochie greisenised granite, Reefton district, Westland, New Zealand. New Zealand Journal of Geology & Geophysics, 25 (4):405-425.

Grant J A. 1986. The isocon diagram-A simple solution to Gresens' equation for Metasomatic alteration. Economic Geology, 81(8):1976-1982.

Grant J A. 2005. Isocon analysis: A brief review of the method and applications. Physics & Chemistry of the Earth Parts A/b/c, 30(17 - 18):997-1004.

Gresens R L. 1967. Composition- volume relationships of metasomatism. Chemical Geology, 2(67): 47-65.

Gupta S. 2013. Occurrence of paragonite in the hydrothermalwall rock alteration zone of GR Halli gold deposit, Chitradurga Schist Belt, Western Dharwar Craton, Southern India. Journal of the Geological Society of India, 82(5):461-473.

Henry D J. 2005. The Ti-saturation surface for low-to-medium pressure metapelitic biotites: Implications for geothermometry and Ti-substitution mechanisms: American Mineralogist. American Mineralogist, 90(2-3):316-328.

Holdaway M J, Mukhopadhyay B, Dyar M D, Guidotti C V, Dutrow B L. 2015. Garnet- biotite geothermometry revised; new Margules parameters and a natural specimen data set from Maine. American Mineralogist, 82(5-6):582-595.

Holland T, Blundy J. 1994. Non-ideal interactions in calcic amphiboles and their bearing on amphibole-plagioclase thermometry. Contributions to Mineralogy and Petrology, 116(4):433-447.

Huang L C, Jiang S Y. 2014. Highly fractionated S- type granites from the giant Dahutang tungsten deposit in Jiangnan Orogen, Southeast China: Geochronology, petrogenesis and their relationship with W-mineralization. Lithos, 202(4):207-226.

Inoue A, Meunier A, Patrier-Mas P, Rigault C, Beaufort D, Vieillard P. 2009. Application of chemical geothermometry to low- temperature trioctahedral chlorites. Clays and Clay Minerals, 57(3): 371-382.

Keller J, Hoefs J 1995. Stable Isotope Characteristics of Recent Natrocarbonatites from Oldoinyo Lengai. Berlin: Springer.

Kleemann U, Reinhardt J. 1994. Garnet- biotite thermometry revisited: the effect of AlVI and Ti in biotite. European Journal of Mineralogy, 6(6):925-941.

Kohn M J. 2012. Titanium in muscovite, biotite, and hornblende: Modeling, thermometry, and rutile activities of metapelites and amphibolites: American Mineralogist. American Mineralogist, 97: 543-555.

Komori S, Kagiyama T, Takakura S, Ohsawa S, Mimura M, Mogi T. 2013. Effect of the hydrothermal alteration on the surface conductivity of rock matrix: Comparative study between relatively-high and low temperature hydrothermal systems. Journal of Volcanology and Geothermal Research, 264: 164-171.

Lanari P, Wagner T, Vidal O. 2014. A thermodynamic model for di- trioctahedral chlorite from experimental and natural data in the system MgO-FeO-Al$_2$O$_3$-SiO$_2$-H$_2$O:applications to P-T sections and geothermometry. Contributions to Mineralogy and Petrology,167(2):950-968.

Lentz D. 1992. Petrogenesis and geochemical composition of biotites in rare-element granitic pegmatites in the southwestern Grenville Province,Canada. Mineralogy and Petrology,46(3):239-256.

Li X H,Li Z X,Ge W,Zhou H,Li W,Liu Y,Wingate M T D. 2003. Neoproterozoic granitoids in South China:crustal melting above a mantle plume at ca. 825 Ma? Precambrian Research,122(s1-4): 45-83.

López-Moro F J. 2012. EASYGRESGRANT-A Microsoft Excel spreadsheet to quantify volume changes and to perform mass-balance modeling in metasomatic systems. Computers & Geosciences,39: 191-196.

López-Munguira A,Nieto F,Morata D. 2002. Chlorite composition and geothermometry:a comparative HRTEM/AEM-EMPA-XRD study of Cambrian basic lavas from the Ossa Morena Zone,SW Spain. Clay Minerals,37(2):267-281.

Mao Z H,Cheng Y B,Liu J J,Yuan S D,Wu S H,Xiang X K,Luo X H. 2013. Geology and molybdenite Re-Os age of the Dahutang granite-related veinlets-disseminated tungsten ore field in the Jiangxin Province,China. Ore Geology Reviews,53:422-433.

Mao Z H, Liu J J, Mao J W, Deng J, Zhang F, Meng X Y, Xiong B K, Xiang X K, Luo X H. 2015. Geochronology and geochemistry of granitoids related to the giant Dahutang tungsten deposit, middle Yangtze River region, China: Implications for petrogenesis, geodynamic setting, and mineralization. Gondwana Research,28(2):816-836.

Moore W J,Czamanske G K. 1973. Compositions of biotites from unaltered and altered monzonitic rocks in the Bingham Mining District,Utah. Economic Geology,68(2):269-274.

Munoz J L. 1984. F-OH and Cl-OH exchange in micas with applications to hydrothermal ore deposits. Reviews in Mineralogy and Geochemistry,13(1):469-493.

Munoz J L. 1992. Calculation of HF andHCl fugacities from biotite compositions:Revised equations.

Neves L J P F. 1997. Trace element content and partitioning between biotite and muscovite of granitic rocks:A study in the Viseu region(Central Portugal). European Journal of Mineralogy,9(4): 849-857.

Ohmoto H. 1996. Formation of volcanogenic massive sulfide deposits:The Kuroko perspective. Ore Geology Reviews,10(3):135-177.

Oliver N H S,Cleverley J S,Mark G,Pollard P J,Fu B,Marshall L J,Rubenach M J,Williams P J, Baker T. 2004. Modeling the role of sodic alteration in the genesis of iron oxide-copper-gold deposits, eastern mount isa block,Australia. Economic Geology,99:1145-1176.

Palinkaš S S, Palinkaš L A, Renac C, Spangenberg J E, Lüders V, Molnar F, Maliqi G. 2013. Metallogenic model of the trepča Pb-Zn-Ag skarn deposit,kosovo:Evidence from fluid inclusions, rare earth elements,and stable isotope data. Economic Geology,108(1):135-162.

Parsapoor A, Khalili M, Tepley F, Maghami M. 2015. Mineral chemistry and isotopic composition of magmatic, re-equilibrated and hydrothermal biotites from Darreh-Zar porphyry copper deposit, Kerman(Southeast of Iran). Ore Geology Reviews,66:200-218.

Phillips G N, Powell R. 2015. Hydrothermal alteration in the Witwatersrand goldfields. Ore Geology Reviews,65:245-273.

Pirajno F. 2009. Hydrothermal Processes and Wall Rock Alteration. Hydrothermal Processes and Mineral Systems. Springer Netherlands: Dordrecht:73-164.

Pirajno F. 2013. Chapter 7 Effects of Metasomatism on Mineral Systems and Their Host Rocks: Alkali Metasomatism, Skarns, Greisens, Tourmalinites, Rodingites, Black- Wall Alteration and Listvenites. Metasomatism and the Chemical Transformation of Rock. Springer Berlin Heidelberg:203-251.

Potdevin J L, Marquer D. 1987. Méthodes de quantification des transferts de matière par les fluides dans les roches métamorphic déformées. Geodinamica Acta,1(3):193-206.

Potdevin J L. 1993. Gresens 92: A simple macintosh program of the gresens method. Computers & Geosciences,19(9):1229-1238.

Putnis A, Austrheim H. 2010. Fluid - induced processes:metasomatism and metamorphism. Geofluids, 10(1-2):254-269.

Putnis A, Hinrichs R, Putnis C V, Golla-Schindler U, Collins L G. 2007. Hematite in porous red-clouded feldspars:Evidence of large-scale crustal fluid-rock interaction. Lithos,95(1-2):10-18.

Razavi M H, Masoudi F, Alaminia Z. 2008. Garnet-biotite chemistry for thermometry of staurolite schist from South of Mashhad, NE Iran. Journal of Sciences,Islamic Republic of Iran,19(3):237-245.

Robert J L. 1976. Titanium solubility in synthetic phlogopite solid solutions. Chemical Geology,17(3): 213-227.

Sakoma E M, Martin R F. 2004. Mineralogical indicators of volatile loss and alkali metasomatism in roof zones of the biotite granite in the Kwandonkaya Complex, Nigeria. Journal of African Earth Sciences, 39(3-5):209-215.

Selby D, Nesbitt B E. 2000. Chemical composition of biotite from the Casino porphyry Cu-Au-Mo mineralization, Yukon, Canada: evaluation of magmatic and hydrothermal fluid chemistry. Chemical Geology,171(1-2):77-93.

Sengupta P, Kale G B. 2006. Chemical potential diagrams-a window to understand alkali metasomatism of natural rocks. Journal of Materials Science,41(5):1529-1530.

Shcherba G N. 1970. Greisens. International Geology Review:114-150.

Shelton K L, Rye D M. 1982. Sulfur isotopic compositions of ores from Mines Gaspe, Quebec: an example of sulfate- sulfide isotopic disequilibria in ore- forming fluids with applications to other porphyry-type deposits. Economic Geology,77(7):1688-1709.

Steinitz A, Katzir Y, Valley J W, Be'Eri- Shlevin Y, Spicuzza M J. 2009. The origin, cooling and alteration of A- type granites in southern Israel (northernmost Arabian- Nubian shield): A multi-mineral oxygen isotope study. Geological Magazine,146(2):276-290.

Sturm R. 2003. SHEARCALC- a computer program for the calculation of volume change and mass transfer in a ductile shear zone. Computers & Geosciences,29(8):961-969.

Sun S S, Eadington P J. 1987. Oxygen isotope evidence for the mixing of magmatic and meteoric waters during tin mineralization in the Mole Granite, New South Wales, Australia. Economic Geology,82 (1):43-52.

Taylor R G 1979. Geology of tin deposits. Elsevier Scientific Pub. Co. , distributors for the U. S. and Canada, Elsevier/North-Holland.

Tischendorf G, Gottesmann B, Förster H J, Trumbull R D. 1997. On Li-bearing micas: Estimating Li from electron microprobe analyses and an improved diagram for graphical representation. Mineralogical Magazine, 61(408): 809-834.

Uvarova Y, Sokolova E, Hawthorne F C, McCammon C A, Kazansky V I, Lobanov K V. 2007. Amphiboles from the Kola Superdeep Borehole: Fe^{3+} contents from crystal-chemical analysis and Mössbauer spectroscopy. Mineralogical Magazine, 71(6): 651-669.

Wang X L, Zhao G C, Zhou J C, Liu Y S, Hu J. 2008. Geochronology and Hf isotopes of zircon from volcanic rocks of the Shuangqiaoshan Group, South China: Implications for the Neoproterozoic tectonic evolution of the eastern Jiangnan orogen. Gondwana Research, 14(3): 355-367.

Wang Y R, Fan W L, Yu Y M. 1986. Geochemical mechanism of alkali metasomatism and formation of iron deposits. Chinese Journal of Geochemistry, 5(3): 258-268.

Wu C M, Chen H X. 2015. Revised Ti-in-biotite geothermometer for ilmenite- or rutile-bearing crustal metapelites. Science Bulletin, 60(1): 116-121.

Yang P, Rivers T. 2000. Trace element partitioning between coexisting biotite and muscovite from metamorphic rocks, Western Labrador: structural, compositional and thermal controls. Geochimica et Cosmochimica Acta, 64(8): 1451-1472.

Yavuz F. 2003. Evaluating micas in petrologic and metallogenic aspect: I-definitions and structure of the computer program MICA+. Computers & Geosciences, 29(10): 1203-1213.

Zartman R E, Doe B R. 1981. Plumbotectonics-the model. Tectonophysics, 75(1-2): 135-162.

Zartman R E, Haines S M. 1988. The plumbotectonic model for Pb isotopic systematics among major terrestrial reservoirs-A case for bi-directional transport. Geochimica et Cosmochimica Acta, 52(6): 1327-1339.

Zhao F M. 2005. Alkali-metasomatism and uranium mineralization//Mao J, Bierlein F. Mineral Deposit Research: Meeting the Global Challenge. Berlin: Springer: 343-346.

Zhao P L, Yuan S D, Mao J W, Santosh M, Li C, Hou K J. 2016. Geochronology and geochemistry of the skarn Cu-(Mo)-Pb-Zn and W deposits in southern Hunan Province: Implications for Jurassic Cu and W metallogenic events in South China. Ore Geology Reviews, 78: 120-137.

Zhu C, Sverjensky D A. 1992. F-Cl-OH partitioning between biotite and apatite. Geochimica et Cosmochimica Acta, 56(9): 3435-3467.